愛知大学綜合郷土研究所ブックレット

②

ヒガンバナの履歴書

有薗正一郎

● 目 次 ●

【写真１】開花したヒガンバナ

【写真２】枯れた花茎と球根から出てきた葉

【写真３】ヒガンバナの球根と葉

【写真４】ヒガンバナの自生状況
愛知県新城市川路。上は９月下旬、下は２月中旬。下の写真で水田の畔の深緑の葉はすべてヒガンバナ。

【写真５】棚田の畔に自生するヒガンバナ
愛知県新城市吉川

【写真６】屋敷地まわりに自生するヒガンバナ
愛知県新城市市川

【写真７】中国長江下流域に自生するヒガンバナ
上は浙江省の良渚遺跡にとなりあう安渓村の棚田
右は江蘇省南通市軍山の岩棚

【写真８】対馬の水田の畔に自生するヒガンバナ
長崎県対馬市厳原町久根田舎

ここに掲載する写真はいずれも筆者が撮影した。

I　ヒガンバナは不思議な花

ヒガンバナは日本人がもっともよく知っている花のひとつではなかろうか。関東から南か西に住む人は、秋の彼岸の頃、火炎のような赤い花が一斉に開花して、田んぼの畔や屋敷地まわりを覆う景色を見る機会が多いと思われる。ヒガンバナはわれわれ日本人に、とりわけ西南日本に住む人々に、秋の訪れを知らせてくれる花である。

しかし、このヒガンバナ、不思議な植物でもある。思いつくまま、ヒガンバナをめぐる不思議を並べてみよう。

(一) 秋の彼岸前に突然花茎が伸びて、六輪前後の花が咲く。
(二) 花が咲いている時に葉がない。
(三) 花は咲くが、実がつかない。
(四) みごとな花を咲かせるのに、嫌われる草である。
(五) 開花期以外のヒガンバナの姿が思い浮かばない。
(六) ヒガンバナが生えている水田の畔には他の雑草がそれほど生えない。
(七) 人里だけに自生して、深山では見ない。

(八)　大昔から日本の風土の中で自生してきたと思われるが、ヒガンバナの名が史料に現れるのは近世からである。

(九)　田んぼの畔や屋敷地まわりで見かけるが、田んぼの畔や屋敷地まわりならどこでも生えているというわけではない。

これらの不思議のうち、五つ以上が思い浮かぶ人はよほどの観察者であり、五つ以上答えられる人は奇人の部類である。七番目までの答えはⅡ章で、八番目の答えはⅢ章で、それぞれ述べる。九番目の答えはⅣ章とⅤ章で記述するが、先に答えの要点を述べると、「ヒガンバナは、水田稲作農耕文化を構成する要素のひとつとして、縄文晩期に中国の長江下流域から日本に直接渡来した半栽培食用植物であったが、後に食料事情が良くなってからは、人里に自生する雑草になった」のである。そして、これが本書の表題『ヒガンバナの履歴書』の要旨でもある。

ヒガンバナが秘める多くの不思議を解くための鍵として、また農耕の技術と文化が日本に渡来した道を考えるためのデータとして、この小冊子が役立てばさいわいである。

ヒガンバナを主題にした著書はいくつかある。それらを本書の末尾に記載するので、ヒガンバナのことをもっと知りたい読者は、目を通されることをおすすめしたい。

なお、ヒガンバナは「ひがんばな」「彼岸花」「曼珠沙華」などとも表記されるが、ここでは植物学上の和名「ヒガンバナ」を使うことにする。

II　ヒガンバナの身上書

◉――ヒガンバナの一年

ヒガンバナ（*Lycoris radiata* Herb.）は日本人には馴染みの深い雑草のひとつである。雑草とは、人間活動で撹乱された土地に自生し、人間の生活に干渉する植物群を指すので、人里だけに自生し、本格的な秋の訪れを人々に告げるヒガンバナは、雑草の典型であるといえよう。ヒガンバナの別称を数えると、日本全国で数百になる。これは日本人とヒガンバナとの付き合いがかなり古くから続いていることを暗示している。しかし、ヒガンバナはわからないことが多い植物でもある。まずはヒガンバナの一年間の生活暦を紹介しよう（第1図）。

ヒガンバナはヒガンバナ科ヒガンバナ属の多年生草本、つまり毎年同じ場所で花が咲き、葉を出す草である。ヒガンバナ科の草本は世界中で自生するか植栽されているが、ヒガンバナの生育地は東アジアの東シナ海周辺地域に限られ、かつそのほとんどが自生地であり、植栽されることはほとんどない。

ヒガンバナは五月上旬には葉が枯れて、九月初旬までは球根（鱗茎）の姿で休眠する。九月中

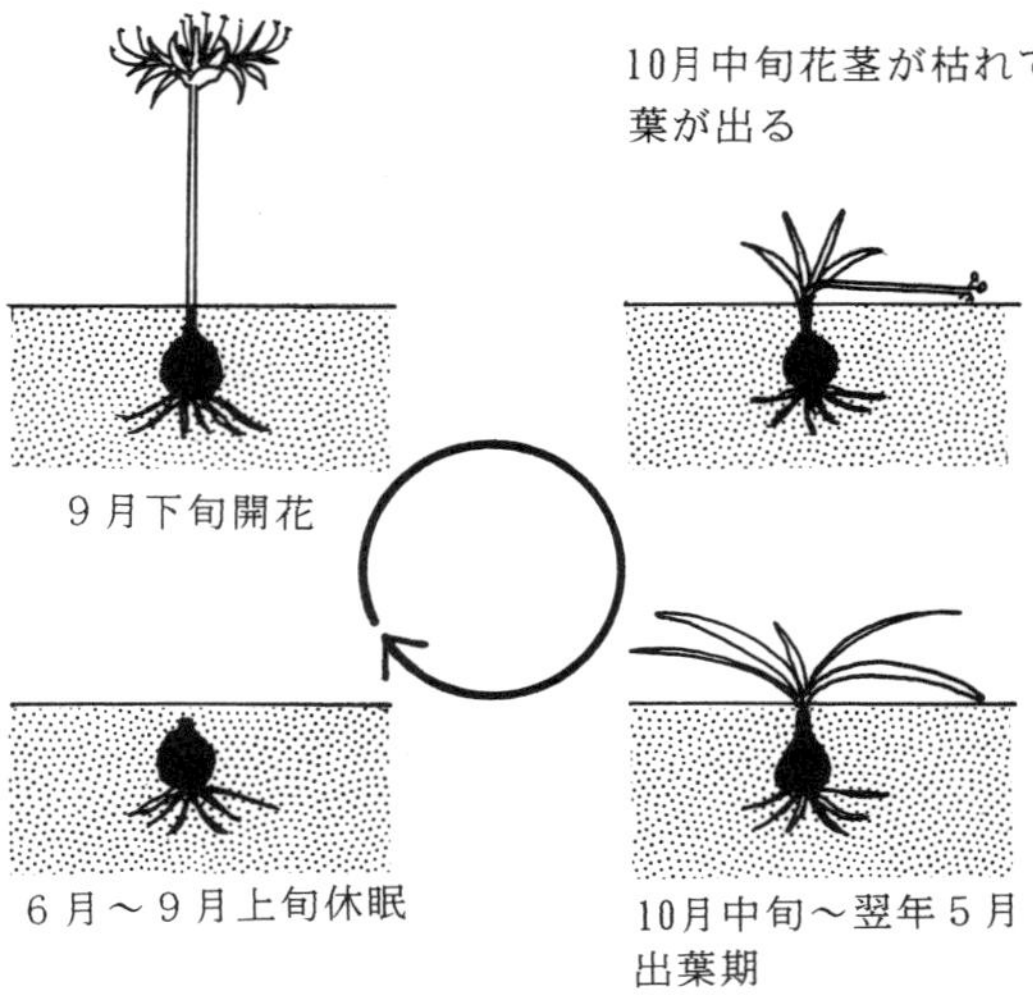

第１図　ヒガンバナの１年の生活暦

旬になると地下の球根から花茎が伸びて、長さ三十〜五十cmほどに直立する花茎の上端に六輪前後の真っ赤な花が放射状に開く（写真1）。一輪の花は六つの花びらと六つの雄しべとひとつの雌しべからなる。花びらは細長く、やや縮れて外側にそる。雄しべと雌しべは赤く、それぞれ十cmほどの長さがあり、いずれも中央部から先が上向きに反る。花が終わると、雌しべの根元の子房がやや膨らむが、日本に自生するヒガンバナは染色体の数が三三の三倍体なので、種子はできない。中国には種子ができる二倍体（染色体数二四）のヒガンバナもあるが、日本には種子ができない三倍体のヒガンバナしか自生していない。日本のヒガンバナは、球根を分球させて個体数を増やす方法で種を維持し、子孫を残している。

日本に三倍体のヒガンバナだけが自生する理由は、二倍体よりも三倍体のほうが球根がやや大きいので、その分だけ採集に手間がかからない三倍体のものだけを人間が日本列島に持ち込んだからであるとされている。

ヒガンバナには白花や黄花をつける近縁種があり、いずれも九月下旬から十月上旬頃に開花する。開花が終ると、花茎は枯れる。ヒガンバナの葉は十月中旬頃に球根から直接出てくる（写真２）。葉は細長い両刃の直刀の形をしており、幅一㎝前後、長さ三十～五十㎝ほどで、冬から春にかけて地表面に張り付くように繁茂する。冬の間、水田の畔や河川ののり面や屋敷地まわりの枯れ草の中で、ヒガンバナの深緑の葉が群生している姿はみごとである（写真４下）。これがヒガンバナの一年の生活暦である。

◉――ヒガンバナは食用植物だった

ヒガンバナの球根の表皮は黒いが中は白い（写真３）。球根には重量の一割余りのデンプンが含まれていて食べることができる。しかし、芯の部分にはリコリンなどの有毒物質も含まれているので、十分に毒抜きせずに食べると、中毒死することがある。球根から有毒物質を取り除いてデンプンをとるには、球根を灰汁《あく》で数時間煮てから、水と一緒に容器に入れて、毒を水で流し去る作業を何回か繰り返した後で、容器の底に沈澱したデンプンを採取する。これはドングリの渋味を抜いてデンプンを食べる方法と同じであるので、ドングリが主な食料であった縄文時代に、ヒガンバナも食べていたと考えている人もいる。ただし、その頃のヒガンバナは作物ではなく、人間が意図的に生育を管理する半栽培植物であり、後には意図的な管理もされなくなって、雑草化したとされている。

ヒガンバナの球根が食料になることは、遅くとも近世にはほとんど忘れられてしまったが、紀伊山地や四国山地の村の中には、二十世紀の前半までヒガンバナを食べていた村があって、経験者からデンプンの採取法を聞き取ることができる。

いくつかある報告によると「自生地でヒガンバナの球根を採集する→球根を洗う→球根を潰す→灰汁《あく》に入れて煮る→袋に入れてしぼる→桶に入れて一〜二日水さらしする→モチにして食べる」という手順を踏む事例が多い。また、球根を潰したあと、水さらしだけで毒抜きする方法と、球根を潰す前と後の水さらしだけで毒抜きする方法もあり、この方法だと、毒抜きに四〜七日かかった。

ヒガンバナの球根掘りとデンプン採取は、春におこなわれることが多かった。農耕だけでは十分な食料が得られなかった時代の人々にとって、春は前年秋に貯えた食料が底をつき、春に生長する植物が食料になる初夏に入るまでの食料の端境期であった。ヒガンバナの球根掘りとデンプン採取は、食料の端境期に多くおこなわれていたのである。

ヒガンバナは食料のひとつではなくなってからも、人間の生活に役立ってきた。例えば、ヒガンバナの球根は薬や糊の材料に使われたし、球根を摺りつぶして炎症部に貼るなどの民間療法は、現在でもおこなわれている。

◉——ヒガンバナはどこに多く自生しているか

ヒガンバナが多く自生している場所について、二つの視点から述べてみよう。

第一の視点は、ヒガンバナが群生している場所はどこかという視点である。

ヒガンバナは日当りのよい場所ではよく生育し、葉の長さは三十㎝ほど、球根の直径は四〜五㎝でさかんに増殖し、自生地を広げていく。ヒガンバナは水田の畔、とりわけ開発時期が古い棚田の畔や、屋敷地まわりに多く自生するが、これらの場所はいずれも秋から春先にかけて日当りがよい（写真４・５・６）。これら水田の畔や屋敷地まわりは、夏には夏草で覆われるが、秋になると草は枯れて地表まで太陽光が届く。冬季に水田の畔と屋敷地まわりで緑の葉を出しているのは、ヒガンバナと一部のイネ科の草本だけである。ヒガンバナは、他の雑草と季節的な棲み分けをすることによって、種を存続してきたのである。

他方、日陰に自生するヒガンバナの葉の長さは四十〜五十㎝になる。これは日当りが悪い分を葉の表面積で補うためであろう。日陰に自生するヒガンバナの球根の直径は一〜三㎝ほどで、ほとんど増殖しないために自生地は広がらない。

俗にヒガンバナ→秋の彼岸→仏教→墓場→陰欝な場所→日陰の植物という連想をしがちであるが、ヒガンバナは冬の太陽光を浴びて生育する陽気な雑草である。ちなみに、墓場にヒガンバナが多く自生するのは、かつて土葬をおこなっていた頃、遺体を肉食獣に食べられないように、不快な臭気を放ち毒を含むヒガンバナの球根を植栽したことのなごりであるという説がある。

第二の視点は、ヒガンバナは世界のどこに自生しているかという視点である。

ヒガンバナは東アジアの東シナ海周辺だけに自生する。とりわけ中国の長江の中下流域と日本に多く自生している。中国の長江中下流域はヒガンバナの原産地であるとされ、ここには種子ができる二倍体のヒガンバナと、種子ができない三倍体のヒガンバナが自生している。これに対し、日本には三倍体のヒガンバナしか自生していない。そのため日本のヒガンバナは、かなり古い時代に中国の長江下流域から三倍体のものが選択的に西南日本に持ち込まれ、人間が球根を移植することによって生育地を広げて定着した、史前帰化植物であるとされている。三倍体のヒガンバナは二倍体のものよりも球根が大きい分だけデンプンの量も多いし、また球根の増殖によってのみ生育地が拡大するので、種子を風や動物が運ぶ植物と違って、管理が楽だからである。そして渡来後は、半栽培植物として人間の手で東北地方の南部あたりまで生育地は広がったが、イネなど栽培効率の高い農作物の生産が安定してから後は、人間による管理がおこなわれなくなり、集落付近の日当りのよい場所に自生する人里植物、すなわち雑草になったと考えられる。

◉——ヒガンバナの不思議を解いてきた学問分野

主に三つの学問分野がヒガンバナを研究の対象にしてきた。

ひとつは植物学であり、ヒガンバナは日本在来の植物なのか、それとも原産地の中国南部から渡来したのかの議論が、一九六〇年前後におこなわれた。そして、中国南部には種子ができる二倍体のものと種子ができない三倍体のものが自生しているのに、日本には種子ができない三倍体のヒガンバナしか自生していないことから、中国南部から日本に渡来した植物であるとする説に帰着した。

二つめは民俗学である。ヒガンバナの球根から毒を抜いてデンプンを採取する手順は、ドングリから渋味を抜いてデンプンを採取する手順と同じなので、山村の生活に関心を持つ民俗研究者による報告がいくつかある。それによると、紀伊山地や四国の山間部では、二十世紀前半まで毒を抜いて食べていたという。

三つめは、照葉樹林農耕文化の起源地と伝播を明らかにする中で、ヒガンバナを位置付ける研究であり、いくつかの分野の境界領域に位置する視点である。この分野の研究者は、ヒマラヤ山脈の南斜面から中国南部を経て日本列島に至る照葉樹林帯の中に生まれた農耕文化の構成要素のひとつとしてヒガンバナを位置付けている。照葉樹林帯にはカシなどドングリをつける樹木や根茎にデンプンを貯める植物がいくつかあり、これらからデンプンを採取する技術が形成されたが、ヒガンバナも球根からデンプンが採取できる植物だからである。

◉——ヒガンバナが生える水田の畔には他の雑草が生えにくい

ヒガンバナはなぜ水田の畔に多く自生するのか。ヒガンバナは他の雑草を生えにくくするアレロパシー（他感作用）を持つことが、最近分かってきた。

藤井義晴は、ヒガンバナの栽培ポットに雑草の種子を蒔いて発芽率を測る実験をおこない、特定の雑草の発芽率が低くなることを明らかにした。その理由はヒガンバナが含むリコリンの作用によるものらしい。ヒガンバナは他の植物の生育を抑制するアレロパシーを持つというのである。とりわけキク科の植物に対する効果が大きいという。タンポポなどキク科の植物は、やっかいな多年生雑草である。そこでヒガンバナを水田の畔に植えておけば、この種の雑草の生育が抑制される。ただし、ヒガンバナはイネ科植物に対してはアレロパシーはほとんどないので、イネの生育は阻害しないという。

他方、畑作物の中にはキク科の植物もある。したがって、畑の畔にヒガンバナがあれば、キク科の作物の生育が抑制される恐れがある。畑作物は普通輪作され、その中にはキク科植物も組み込まれる場合があるから、畑の畔にはヒガンバナがないほうが好都合であろう。

◉——ヒガンバナはなぜ人里だけに自生しているのか

ヒガンバナが人里だけに自生する理由は、元来日本には自生していなかったことと、かつて半栽培植物であったことと、球根の増殖で種を維持する植物であることの三つで説明できる。すなわち、初めは誰かが食料にするために植え、その後食料としての用途を失ってからも、球根を増殖して、人里の中で着実に種を維持してきたのである。したがって、人間の日常の生活圏の外に位置する深山には、ヒガンバナは自生していない。

このように古い時代から人里だけに自生する雑草であるヒガンバナは、人里の環境改変の程度を測る尺度に使える。ヒガンバナが食料のひとつであることが忘れられてから後の時代の人間から見ると、役には立たないが邪魔にもならないヒガンバナは、強いて取り除かねばならない雑草ではなかった。ヒガンバナが除去されるのは、地滑りや洪水などのほか、人間による耕地区画の改変や宅地造成など、地表面の姿が変わる時である。したがって、ヒガンバナが多く自生する場所は、長い間一定の環境が保たれてきた場所であると言えよう。ヒガンバナの自生面積を集落ごとに計測し、その大小を比較することによって、集落ごとに環境改変の程度が推察できるのである。

ただし、それを断定するためには、集落の成立期と土地条件を調べる必要がある。成立期と土地条件が同じ二つの集落があって、ヒガンバナの自生面積が異なれば、自生面積の大きい集落のほうが、より安定した環境を維持してきたと言えよう。

◉――童話と歌謡曲はヒガンバナをどうイメージしているか

子供にヒガンバナの写真を見せると、「ごんぎつねの花だ」という。小学校四年生の国語の教科書に採録されている童話『ごん狐』は、愛知県半田市に住んだ新美南吉が十八歳の時に書いた作品である。『ごん狐』には次のような記述がある（大石源三郎ほか編、『校定新美南吉全集』三、一九八〇年、大日本図書、一〇頁）。

お午《ひる》がすぎると、ごんは、村《むら》の墓地《ぼち》へいって、六地蔵《ろくぢぞう》さんのかげにかくれてゐました。いゝお天気《てんき》で、遠《とほ》く向《むか》うにはお城《しろ》の屋根《やね》瓦《がはら》が光《ひか》ってゐます。墓地《ぼち》にはひがん花《ばな》が、赤《あか》い布《ぬの》のやうにさきつゞいてゐました。……葬列《さうれつ》は墓地《ぼち》へはいって来《き》ました。人々《ひとびと》が通《とほ》ったあとには、ひがん花《ばな》が、ふみをられてゐました。……「はゝん、死《し》んだのは兵十《ひやう》のお母《つかあ》だ。」

晴れた日のヒガンバナが咲く墓地に、兵十の母親の棺桶を担ぐ葬列が来るのを小狐のごんが六地蔵の陰から覗き見る場面を、子供たちは想い描くようである。こうして墓場に咲く花ヒガンバナのイメージが子供たちの脳裏に刻まれていく。しかし、この場面でもヒガンバナは日当りのよい墓地に咲いており、新美南吉の表現は適切である。ヒガンバナは人里に自生する陽気な雑草なのである。

ヒガンバナを題名か歌詞に織り込んだ歌謡曲はいくつかあるが、それらが表現するヒガンバナのイメージは大きく二つの類型に分かれる。

ひとつは『長崎物語』（由利あけみ）が「赤い花なら曼珠沙華　オランダ屋敷に雨が降る　濡れて泣いてるジャガタラお春」と表現するように、歌われている場所の異国情緒を助長する役目を持たされたヒガンバナである。日本に渡来して以来、少なくとも二千年は経過しているヒガンバナだが、まだ日本の風土に馴染みきらないところが『長崎物語』から読み取れるのである。

もうひとつは『恋の曼珠沙華』（二葉あき子）が「ああ切なきは　女の恋の曼珠沙華」と織り込んでいるように、純情な女の燃えてかなわぬ恋心を表現するために使われるヒガンバナである。このイメージの類型に入る歌詞は、他にも『千年の古都』（都はるみ）の「春はひめやかに若葉雨秋は燃えたつような曼珠沙華」と、『曼珠沙華《まんじゅしゃか》』（山口百恵）の「恋する女は曼珠沙華《まんじゅしゃか》　罪作り白い花さえ　まっ赤に染める」がある。ヒガンバナの燃えるような真紅の花の色は、かえって相手に警戒心を持たせてしまう。この類型の歌は失恋を通りこして、人々にあまり好まれないヒガンバナのイメージまで表現しているように思われる。また、北原白秋の詩『曼珠沙華《ひがんばな》』は「赤いお墓の曼珠沙華《ひがんばな》……恐《こわ》や赫《あか》しや」と詠じている。この詩の表現もこの類型に入るであろう。

二つの類型とも、ヒガンバナは日本の風土と日本人の心情に馴染まない何かを秘めている点では、一致している。ヒガンバナには他国から渡来した植物であることのシッポがまだ付いているのかも知れない。

◉——ヒガンバナの不思議への七つの答え

前章であげたヒガンバナの不思議のうち、七番目まではこの章で実像を明らかにした。繰り返しになるが、前章で並べた順番に従って述べると、次のようになる。

㈠ 秋の彼岸前に突然花茎が伸びて、六輪前後の花が咲く。

答 夏の間休眠していた球根から花茎が伸びてくるので、なにもなかった所から花が咲くように見えるのである。

㈡ 花が咲いている時に葉がない。

答 葉は開花後に球根から直接出てきて、翌年五月まで地表面を覆っている。花が咲いた場所に冬に行けば、細長い深緑色の葉が群生しているので、ご覧いただきたい。

㈢ 花は咲くが、実がつかない。

答 日本に持ち込まれたヒガンバナは染色体数が三三の三倍体なので、種子はできない。日本のヒガンバナは球根が分かれる方法で、種を維持している。

㈣ みごとな花を咲かせるのに、嫌われる草である。

答 ヒガンバナはある時期までは球根からデンプンを採取して食べる半栽培植物だった。球根に含まれる毒を水で洗い流してから、残ったデンプンを食べていた。食料事情がよくなると、ヒガンバナが食用になることは遅くとも近世初頭にはほとんど忘れられてしまったが、有毒であることだけが人々の記憶に残り、触ってはならない花になった。近縁植物であるスイセンのように、初めから花として渡来しておれば、違ったイメージで処遇されていたかも知れない。ヒガンバナは気の毒な植物である。

(五) 開花期以外のヒガンバナの姿が思い浮かばない。

答 花が終ると細長い直刀形の葉が出て、他の草が枯れている冬の間、光合成してデンプンを球根に貯め込む。春になって他の草の丈が伸びて太陽光が届きにくくなると、五月頃には葉が枯れて、開花期まで休眠する。ヒガンバナは人里で他の雑草と季節的な棲み分けをして、種を維持してきたのである。

(六) ヒガンバナが生える水田の畔には他の雑草がそれほど生えない。

答 ヒガンバナに含まれるリコリンは、他の植物、とりわけキク科の植物の生育を抑制するアレロパシー（他感作用）を発現する。したがって、ヒガンバナを水田の畔に植えておけば、草取りの手間がある程度省ける。これが水田の畔にヒガンバナが多く自生してきた理由のひとつである。ヒガンバナは今でも人間の役に立っているのである。

(七) 人里だけに自生して、深山では見ない。

答　元来日本にはヒガンバナは自生していなかった。食料にするためにある時期に人間が植えたヒガンバナは、後には食料に使われなくなって雑草化したが、球根が分かれる方法でしか増殖できないために、今でも人里だけに自生している。この方法で種を維持する日本のヒガンバナは、種子を拡散させて自生地を広げる植物とは異なり、自生地がほとんど広がらないので、ヒガンバナが群生する場所は長い間一定の環境を保ってきた場所であると言える。したがって、ヒガンバナは環境改変の程度を測る尺度に使える植物である。

以上がヒガンバナの身上書である。総じて、ヒガンバナは長い間人間と共生してきた、親しみの持てる雑草であるように思うのだが、いかがであろうか。

III　ヒガンバナに関する史料

◉──ヒガンバナに関する中世までの史料

　ヒガンバナは日本人には馴染みの深い雑草である。別称が数百もあることが、馴染みの深さを暗示している。ところが、ヒガンバナのことを記述していると断定できる中世までの史料は、今までのところ見つかっていない。何とも不思議なことである。

　ヒガンバナは中世以前にはヒガンバナ以外の名で呼ばれていたとする説がある。

　その例が『萬葉集《まんようしゅう》』に出てくる歌「路の辺の壱師の花のいちしろく人皆知りぬわが恋妻は」（巻第十一―二四八〇）の「壱師の花」である。「いちしろく」を「いちじろく」と読めば「灼然く」で、真っ赤に燃えるという解釈が成り立つようである。また山口県と北九州ではヒガンバナを「イチジバナ」と呼ぶ地域がある。

　しかし、「いちしろく」を「とても白い」と解釈して、「壱師の花」は枝に白い花をたくさんつけるエゴノキ（エゴノキ科）かヤマボウシ（ミズキ科）であるとの説など、いくつかの異説があって、議論が絶えない。

中世の史料にもヒガンバナの名は出てこない。「曼珠沙花」や「曼珠沙華」の名を記載する史料はあるが、呼称だけの記載しかないために、「曼珠沙花」や「曼珠沙華」がヒガンバナであると断定することはできない。

十五世紀の中頃に編集されたとされるイロハ順の語彙辞書『節用集《せつようしゅう》』の「麻《ま》」の項目中に「曼珠沙花《マンジュシャケ》」の名があるが、名が記載されているだけなので、どの植物を指すかはわからない。

『山科家礼記《やましなけらいき》』には、一四九一年八月二十四日に、山科家の雑掌が禁裏の御学問所で立花したとの記述があり、立花した植物の中に「マンシュシャケ」の名がある。しかし、この年の八月二十四日は、今の暦に換算すると十月六日頃になり、平年ならばヒガンバナの花はほとんど枯れている時期である。生け花に使う植物は、季節のものか、季節にやや先立って選ばれるので、十月に入ってから立花された「マンシュシャケ」は、ヒガンバナ以外の植物かも知れない。

日本イエズス会が一六〇三年に作成した『日葡辞書《にっぽじしょ》』には「Manjuxaqe　秋に咲くある種の赤い花」との記載がある。この「Manjuxaqe」はヒガンバナを指すと思われるが、これも説明文だけではそうだと断定はできない。

以上述べたように、ヒガンバナのことを記述していると断定できる中世までの史料は、今までのところ見当たらない。現在のヒガンバナの自生状況を見る限り、中世以前に日本に持ち込まれていたことは間違いないのだが、史料に記載されていないのはじつに不思議である。

◉――ヒガンバナに関する近世の史料

筆者が知る限りでは、ヒガンバナについて記述していると断定できる史料と、ヒガンバナの呼称を記載する史料の初見は、近世に入ってからである。

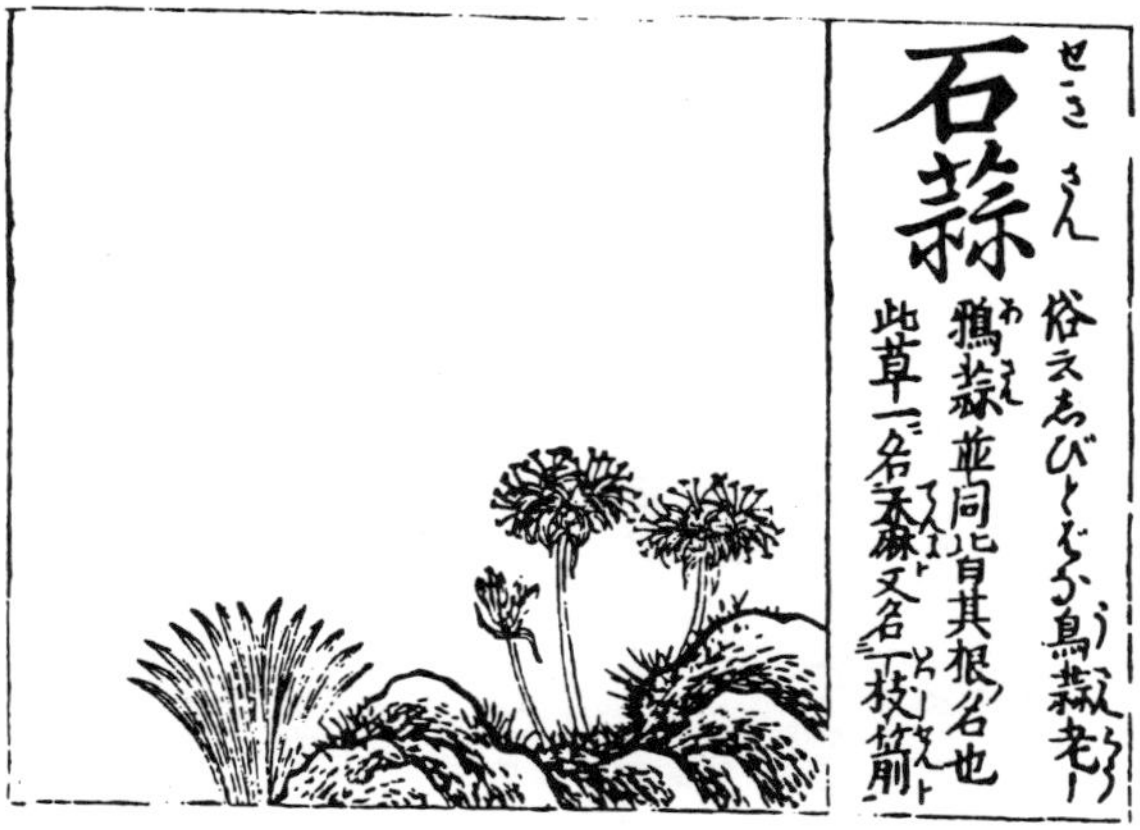

第２図　『訓蒙図彙』が描くヒガンバナ

一六六六年頃に成立した博物図鑑『訓蒙図彙《きんもうずい》』には、ヒガンバナの絵と「石蒜《せきさん》　俗云しびとばな」という解説文が記載されている（第２図）。

次に、ヒガンバナの名を記述するもっとも古い史料は、三河の農書『百姓伝記《ひゃくしょうでんき》』（一六八〇～八二年頃）である。『百姓伝記』の巻頭に正月から十二月までの季節の移り変わりと適時の農作業を記述する「四季集」があり、その八月の記述中に次のような文章がある（著者未詳、岡光夫・守田志郎翻刻、『日本農書全集』一六、一九七九年、農山漁村文化協会、三八頁）。

一、八月中秋　白露の秋となる……ひがん花さく……猶早稲をかる

ここでは二十四節気の白露、現在の九月中旬の季節の到来を告

げる花として、ヒガンバナの名が記述されている。『百姓伝記』の著者は、八月白露の節の到来が誰でもわかる植物としてヒガンバナを選び、その時が早稲の刈り取りの適時であることを記述したと、筆者は考える。三河の庶民にとって、ヒガンバナは馴染みの深い植物だったのである。

また自給肥料の種類・製法・施用法を述べる「不浄集」にも、ヒガンバナの名が出てくる（同二五二頁）。

一、むしりたる草にハ根残り　くさる事なくして　田畠にをき作毛のかいとなる　そのつねにくさりかねる草を能ミしりて　のぞくべし　かうぶし　ひがん花　もくさ　ごぎやう　とく草　大わう　かやうなるるいなり

ここでは根を張る多年性雑草のひとつとして、ヒガンバナの名が記載されている。種子繁殖しない日本のヒガンバナは、それほど蔓延する草ではないのだが、冬の間は枯草の中でヒガンバナの葉が茂って目立つので、このように記述されたのであろうか。

近世中期の園芸書『花壇地錦抄《かだんじきんしょう》』（一六九五年）の「草花　秋の部」は、ヒガンバナを次のように解説している（伊藤伊兵衛著、君塚仁彦翻刻、『日本農書全集』五四、一九九五年、農山漁村文化協会、二四四頁）。

曼朱沙花《まんしゅさけ》　中（旧暦の八月の意味）　花色朱のごとく　花の時分葉ハなし　此花何成ゆへにや世俗うるさき名をつけて　花壇などにハ大方うへず

ヒガンバナの開花時の姿と、当時の人々のヒガンバナに対する扱いがよくわかる記述である。

貝原益軒の『大和本草《やまとほんぞう》』（一七〇九年）も「石蒜　老鴉蒜也　シビトバナト云　四月或八九月赤花咲ク　下品ナリ　コノ時葉ナクテ花サク故ニ　筑紫ニテステ子ノ花ト云」と記述している。最初にあげた『訓蒙図彙』の和名「しびとばな」ともども、現在の日本人がヒガンバナに持つイメージは、遅くとも十八世紀初頭には人々の間に深く浸透していたようである。それでも与謝蕪村の俳句「曼朱沙華蘭に類て狐鳴く」のように、ヒガンバナは人々の日常生活に密着した雑草であった。

ヒガンバナの球根を毒抜きして食べることは、地方書《じかた》『民間省要《みんかんせいよう》』（一七二一年）上編「百姓四季の産」に記述されている。『民間省要』はヒガンバナを「しろい」と呼んでいる（田中丘隅著、瀧本誠一編、『日本経済大典』五、一九二八年、史誌出版社、一二七頁）。

　饑饉の年は葛の根を掘り　鈴篠の実を喰ひ　しろいなど云ふものを掘て能く水にくだし　其毒気を去て喰ふに　青ぶくれに腫れて煩ふもあり

ヒガンバナは救荒植物であること、毒抜きの方法、毒抜きが十分でないと中毒することが適切に説明されている。

　しかし、近世後期になると救荒植物であることは忘れられ、有毒植物であることだけが人々の脳裏に継承されるようになる。例えば、『備荒草木図《びこうそうもくず》』（一八三三年）の救荒植物にヒガンバナは入っていないし、『有毒草木図説《ゆうどくそうもくずせつ》』（一八二七年）は「石蒜《せきさん》《てんがいばな》　小毒あり　小児これを食すれバ言語

第３図　『有毒草木図説』が描くヒガンバナ

拙し　故にしたまがりの名あり」と記述している（第３図）。そして近代初頭に刊行された『凶荒図録《きょうこうずろく》』（一八八五年）には、「大毒あれば決して食すべからざるものなり誤て食すれば死に至るべし」と書かれた「大毒品」の中に「シタマガリ　石蒜」が記載されている。

Ⅳ　ヒガンバナが日本に来た時期

◉——作業仮説の設定

ヒガンバナの球根には若干のデンプンが含まれているが、リコリンなどの有毒物質も含まれており、未処置のまま食べると中毒する。しかし、加熱と水さらしで有毒物質を除去すれば、食べることができる。ヒガンバナは、かなり古い時期に中国の長江下流域から西南日本に渡来した半栽培植物であったが、農耕の生産力が安定すると、人間の管理から離れて、集落付近の日当りのよい場所に自生する人里植物になったといわれている。

日本に自生するヒガンバナは、染色体の数が三三の三倍体で種子ができないことに加えて、人里だけに生えているので、その自生地はかつて人間が球根を植えて半栽培したなごりであると考えられる。

以上のことから、「農耕の生産力が不安定であった古い時代に成立した集落ほどヒガンバナの自生面積は大きい」という仮説を設定することができる。この仮説が成立するかどうかを検討するために、愛知県東部の豊川《とよがわ》流域（約八百㎢）で集落ごとにヒガンバナの自生面積を計測し、その面積の大小と、集落の成立期との関わりを考察した。豊川流域は日本列島の中でヒガンバナがもっとも多く自生する場所のひとつであり、また先史時代以降人々が生活してきた場所でもあるので、調査対象地の条件を満たすからである。

ここでは、調査の結果を述べるとともに、ヒガンバナが日本に渡来した時期を考えてみたい。なお、本章でいう集落の成立期とは、その場所で人間集団の生活と生産が最初におこなわれた時期を指し、その後も人々が住み続けたかどうかは問題にしない。また、縄文期と弥生期の遺跡の中には、遺物が散乱するだけで、集落跡は発見されていない場所があるが、今回はそこで生産と生活がおこなわれていたと見なして、遺物が散乱するだけの場所も、縄文期または弥生期の遺跡がある集落とした。

◉——豊川流域のヒガンバナの自生面積の計測法と自生地の分布

ヒガンバナの自生面積の計測は、一九八九年九月二十二～二十五日の四日間、愛知大学で地理学を専攻する学生一九名の協力を得ておこなった。まず豊川流域を四〇の調査区に分け、二人一組で一〇班を編成した。自生面積の計測は、調査者それぞれが一mまで測れる折れ尺を持ち、自生地点ごとに二人で面積を計測する方法をとった。海岸部の自生状況を見るために、豊川に隣接する小河川の流域も調査範囲に含めた（第４図）。

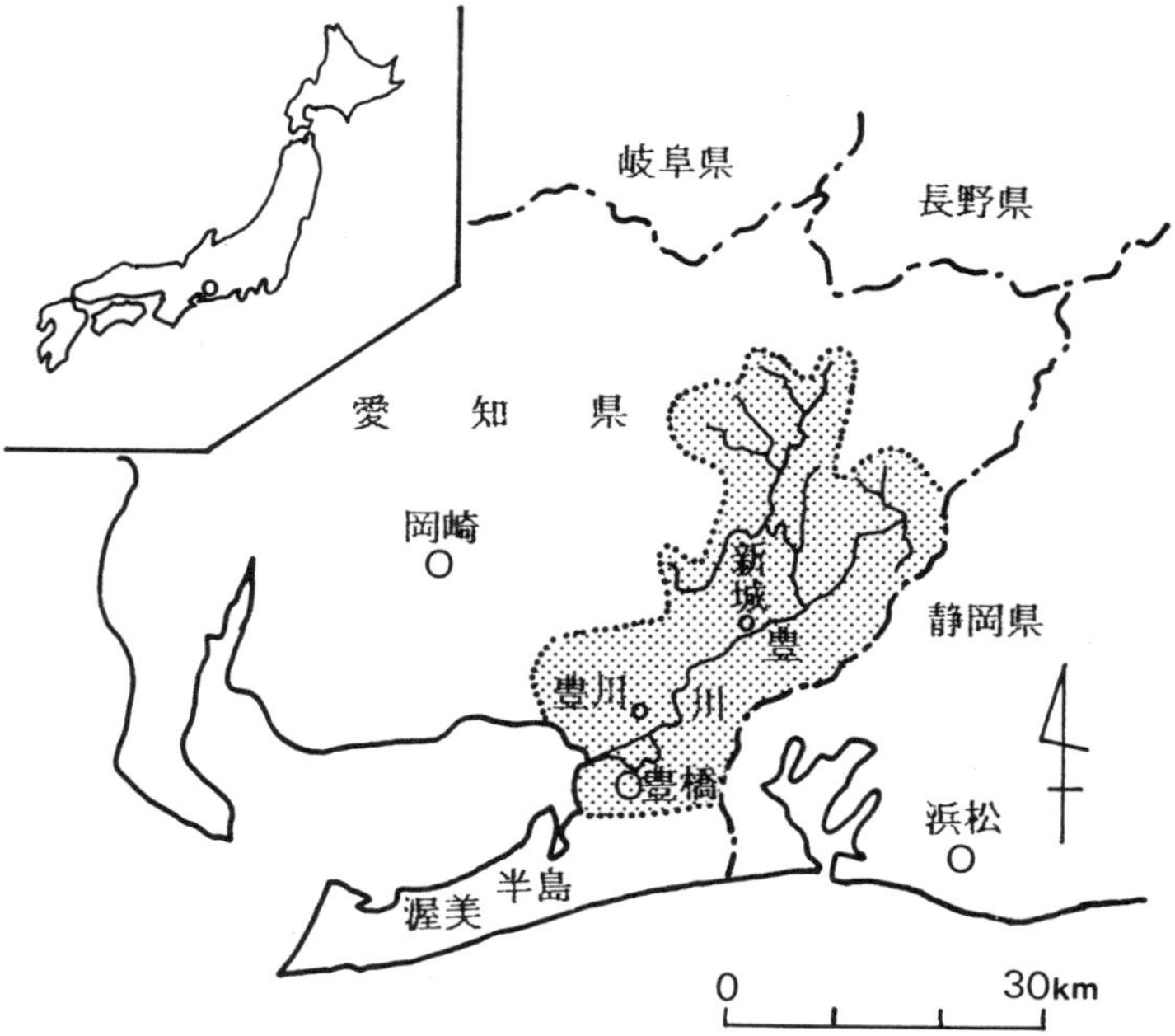

図中のあみふせの部分が調査対象地域である。

第４図　ヒガンバナの自生面積を調査した地域

計測した自生面積は、その場で国土地理院発行の縮尺二万五千分の一地形図上の該当地点に、あらかじめ設定しておいた五段階の面積ランクで表示した。すなわち、一辺が五〇cm未満の正方形に収まれば「1」、一辺が五〇cm〜一mの正方形に収まれば「2」、同じく一〜二mは「3」、同じく二〜三mは「4」、三m以上は「5」とし、ヒガンバナの自生地点ごとに、いずれかのランク記号を地形図上に記入する方法をとった。一か所にきわめて密に自生している場合は、一辺三m以上の記号「5」をその面積分だけ複数個記入した。また、ほぼ一列に並んで自生する場合は、計測者の目測で五十m程度の範囲を一か所に集めた面積を想定して計測した。五十mとした理由は、二万五千分の一地形図では五十mの幅は二㎜になって、1〜5のランク値を地形図中になんとか記入できるからである。

ヒガンバナの自生状況は、山間の傾斜地に立地する集落と、平坦地の集落とでは異なる。すなわち、前者では人家が集まっている場所周辺の日当りのよい斜面に自生地が集中するのに対して、後者では自生地がやや分散する。しかし、平坦地の自生地を細かく見ると、豊川の古い堤防ののり面や、河岸段丘を切る小河川ののり面や、水田の畔に多い。ヒガンバナが河川敷に多く自生するのは、洪水時に上流部から押し流されてきた球根が根付いたためであろう。

以上の要領で地図上に記入した各自生地点の面積ランクを、ふたたび数値に置き換えて、集落ごとの自生面積を算出した。そのためには集落の境界を設定しておく必要がある。

豊川流域には三一四の集落がある。集落名は次の手順で拾った。

㈠ 縮尺五万分の一の初版地形図（明治二十三年または四十一年測図）に記載されている集落……二三〇集落

㈡ 初版地形図には記載されていないが、天保五（一八三四）年の『郷帳』に記載されている集落……八二集落

㈢ 近代以降に成立した集落……二集落

今回は各集落の境界線を縮尺二万五千分の一地形図上に目測で設定した。ヒガンバナは日当り

のよい場所に自生する。集落間の境界部には樹木に覆われて日当りが悪いためにヒガンバナが自生しない場所があるので、そこに境界線を引いた。山間部では集落の境界部にヒガンバナが自生する日当りのよい場所があまりないので境界線は容易に引ける。他方、平坦地では集落の境界部にも自生することがあるので、その場合は集落間の中間点を結んで境界線を引いた。

次に、計測時に記入した各自生面積ランクの一辺には幅があるので、その長さを決めねばならない。今回は小さいランクの一辺は最大値を、大きいランクの一辺は最小値を、中間のランクの一辺は中間値をとり、ランク「1」の一辺の長さを五〇㎝、ランク「2」の一辺の長さを一m、ランク「3」の一辺の長さを一・五m、ランク「4」の一辺の長さを二m、ランク「5」の一辺の長さを三mとした。小さいランクでは見落とし分を加味し、大きいランクでは見た目の広さを下方修正したほうがよいと考えたからである。各ランク一個分の面積は、ランク「1」が〇・二五㎡、ランク「2」が一㎡、ランク「3」が二・二五㎡、ランク「4」が四㎡、ランク「5」が九㎡になる。

ひとつの集落のヒガンバナの自生面積を集計する手順は、次のとおりである。

㈠ 各ランクがいくつあるかを数える。

㈡ 各ランクごとに一個分の面積と㈠で得た個数との積を計算する。これで各ランクごとの自生面積が求められる。

表1　ヒガンバナの自生面積ランク別集落数（集落総数314）

記号	自生面積ランク（㎡）	集落数	構成比（％）
0	自生なし	20	6
1	0〜24	152	48
2	25〜49	56	18
3	50〜99	54	17
4	100〜199	20	6
5	200以上	12	4

(三)　(二)で得た各ランクの値を合計し、小数点以下は四捨五入する。

こうして集計した各集落の自生面積を「自生なし」「自生面積〇〜二四㎡」「同二五〜四九㎡」「同五〇〜九九㎡」「同一〇〇〜一九九㎡」「同二〇〇㎡以上」の六ランクのいずれかに振り分けた。この区分では、対数目盛で表示した場合に、三番目から五番目までのランクの幅が等しくなる。各自生面積ランクに属する集落の数は「〇〜二四㎡」がもっとも多く、全集落の半数近くを占める（表1）。

集落ごとの自生面積ランクを土地利用図に重ねたものが第5図である。この図は自生なしの集落を「〇」、自生面積〇〜二四㎡の集落を「1」、二五〜四九㎡の集落を「2」、五〇〜九九㎡の集落を「3」、一〇〇〜一九九㎡の集落を「4」、二〇〇㎡以上の集落を「5」の記号で表示してある。

この図から、豊川の中流域に自生面積の大きい集落がいくつかあることがわかる。また、豊川の支流が山地を刻む谷底から谷の斜面に位置する集落の中にも、自生面積の大きい集落がいくつかある。これらはいずれも山麓緩斜面に造られた棚田が分布する集落である。他方、山間部の集落と、豊川下流域の低地に位置する集落と、海岸付近に位置する集落の自生面積

表２　成立期別集落数（集落総数314）

記号	集落の成立時代の区分	集落数	構成比(%)
A	縄文期の遺跡がある集落	61	19
B	弥生期の遺跡がある集落	39	12
C	中世末までには成立していた集落	168	54
D	近世に成立した集落	37	12
E	近代に成立した集落	2	1
?	成立期が不明の集落	7	2

は小さい。山間部は樹木に覆われて日当りのよい場所が限られること、低地は河川の洪水時にヒガンバナの球根が押し流されたり冠水して球根が腐ること、海岸付近はヒガンバナは食用植物であることを人間が忘れて移植されなくなった後に陸化したことが、それぞれ自生面積が小さい原因であるように思われる。

◉——集落成立期の推定法と集落の分布

筆者は『愛知県遺跡分布図』と『角川日本地名大辞典23　愛知県』を用いて、各集落の成立期の上限を推定した。そして、三一四集落を「縄文期の遺跡がある集落」「弥生期の遺跡がある集落」「中世末までには成立していた集落」「近世に成立した集落」「近代に成立した集落」「成立期が不明の集落」のいずれかに振り分けた。したがって、今回の区分では、縄文期から弥生期にかけての遺跡がある集落は「縄文期の遺跡がある集落」に含まれる。また「中世末までには成立していた集落」とは、中世までの史料に村名が記載されている集落と、慶長年間の検地帳に村高が記載されているか当時の所領者が明らかな集落を指す。

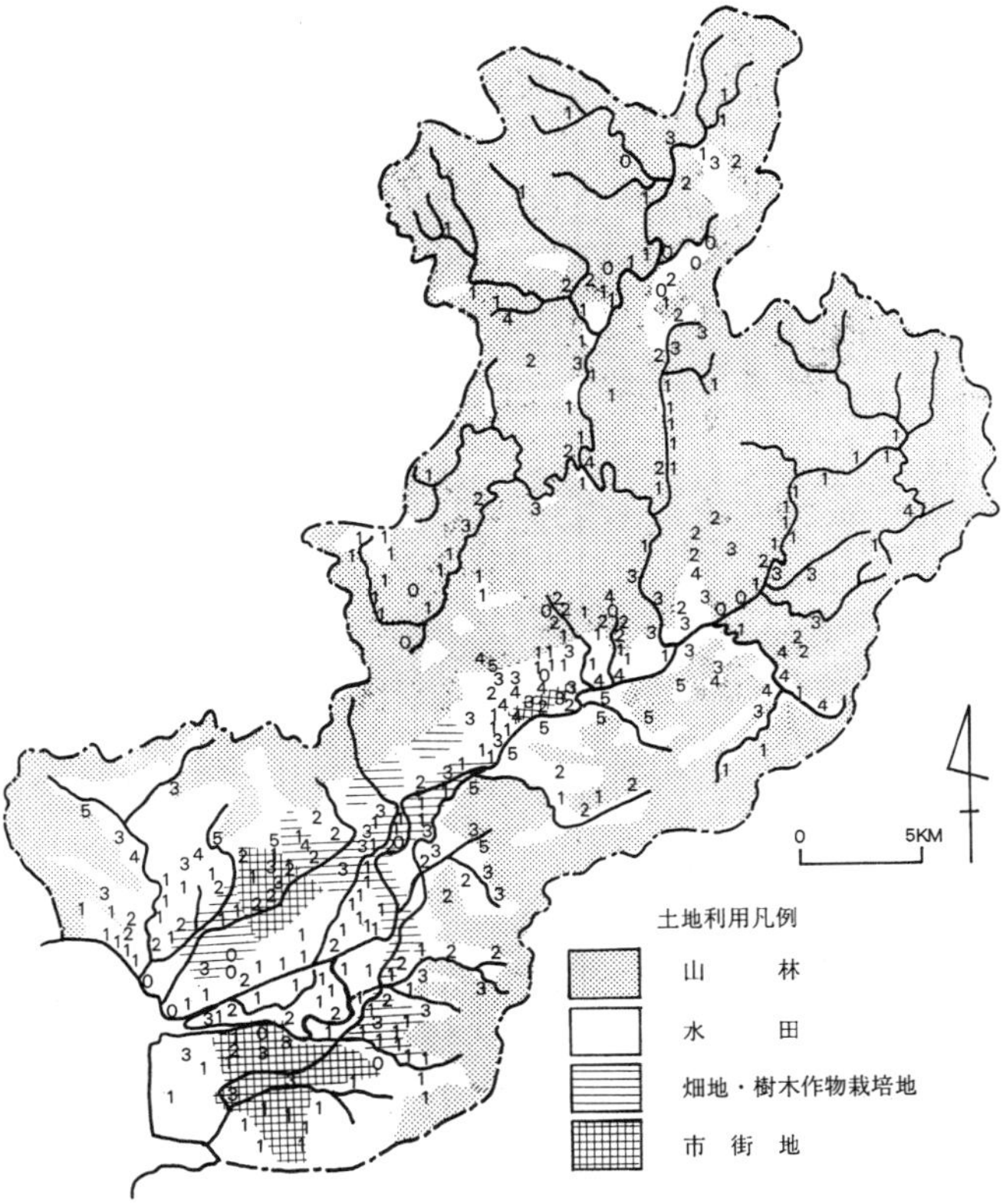

0　自生地なし　　1　自生面積 0〜24㎡　　2　自生面積 25〜49㎡
3　自生面積 50〜99㎡　　4　自生面積 100〜199㎡　　5　自生面積 200㎡以上

第５図　豊川流域におけるヒガンバナの自生面積分布

成立期別に集落数を数えると、「中世末までには成立していた集落」が半分近くを占め、縄文期と弥生期の遺跡がある集落まで加えると、その構成比は八五％になる（表２）。このことから、豊川流域の集落のほとんどは中世末までには成立していたことがわかる。

各集落の成立期を土地利用図に重ねたものが第６図である。この図では縄文期の遺跡がある集落を「Ａ」、弥生期の遺跡がある集落を「Ｂ」、中世末までには成立

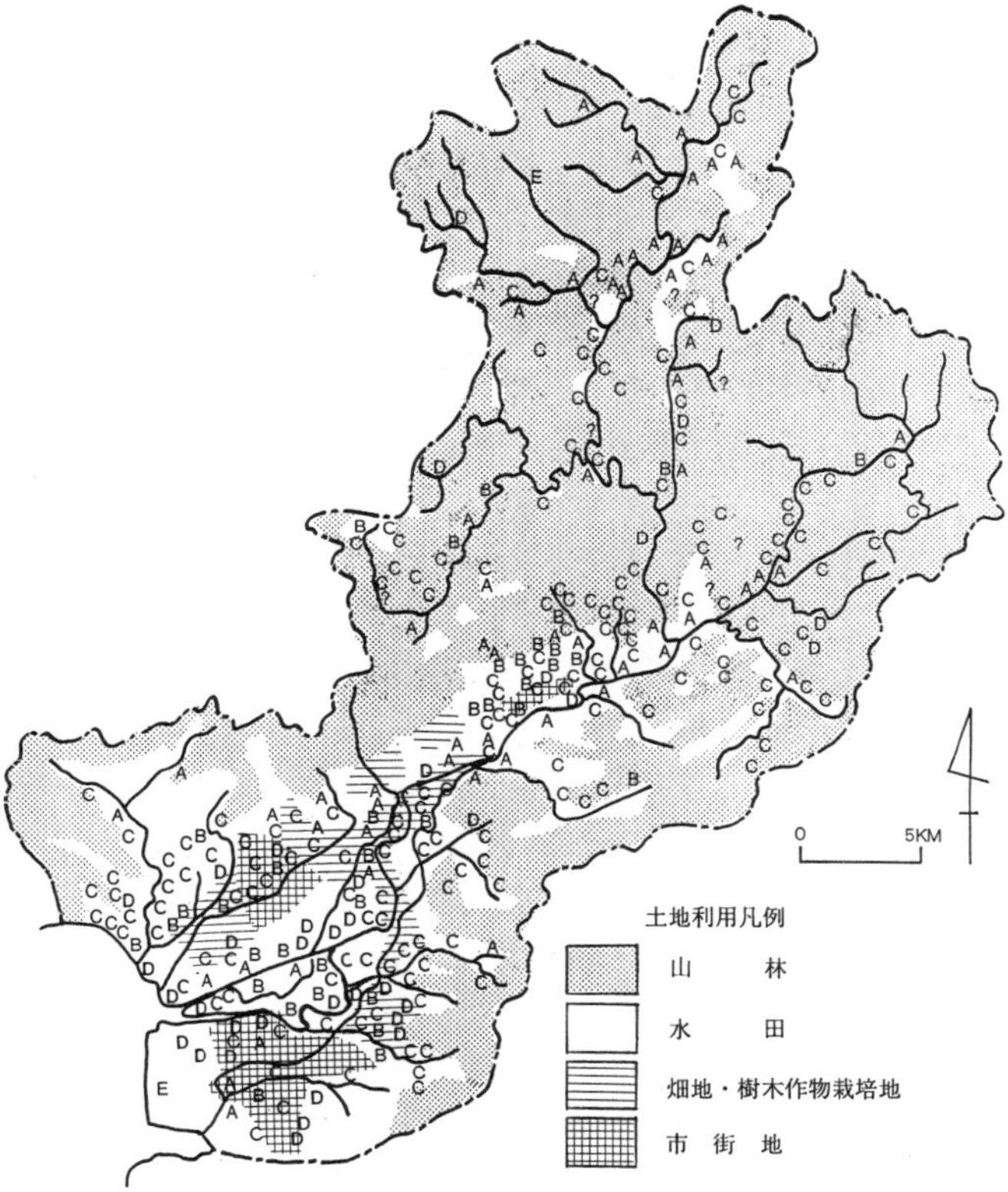

A 縄文期の遺跡がある集落　　B 弥生期の遺跡がある集落
C 中世末までには成立していた集落　　D 近世に成立した集落
E 近代に成立した集落　　? 成立期が不明の集落

縄文・弥生期は『愛知県遺跡分布図』（愛知県教育委員会, 1972）と『日本地名大辞典23 愛知県』（角川書店, 1989）による。

第６図　豊川流域における成立期別集落分布

していた集落を「C」、近世に成立した集落を「D」、近代に成立した集落を「E」、成立期が不明の集落を「？」の記号で表示してある。

この図から、豊川中流域に縄文期または弥生期の遺跡がある集落が多いこと、中世末までには成立していた集落は豊川流域全体に分布していること、近世に成立した集落の多くは豊川下流域に多く分布していることがわかる。

◉——ヒガンバナの自生面積と集落成立期との関わり

第7図はヒガンバナが自生する集落ごとの自生面積と、その集落の成立期との関わりを見るために作成した図である。この図は横軸に集落の成立期をとり、縦軸にヒガンバナの自生面積を対数目盛で示してある。この図から、成立期の古い集落ほどヒガンバナの自生面積が大きい傾向があることがわかる。この図で注目されるのは、縄文期の遺跡がある集落の中でヒガンバナの自生

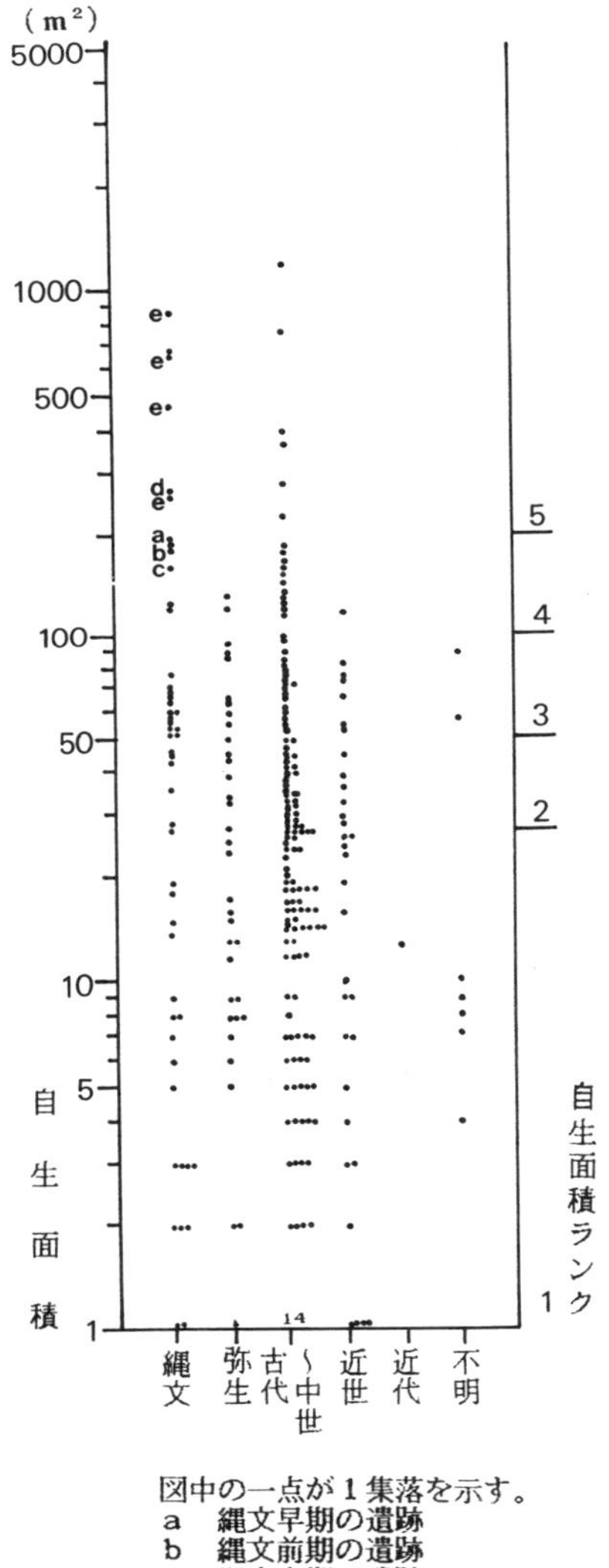

図中の一点が1集落を示す。
a　縄文早期の遺跡
b　縄文前期の遺跡
c　縄文中期の遺跡
d　縄文後期の遺跡
e　縄文晩期の遺跡

第7図　集落の成立期別ヒガンバナの自生面積分布

表３　集落の成立期とヒガンバナの自生面積ランクとの相関関係

自生面積ランク（大↑↓小）	縄文	弥生	～中世末	近世	近代	不明
5	6(10)		6(4)			
4	6(10)	2(5)	11(7)	1(3)		
3	15(25)	8(21)	24(14)	6(16)		2
2	6(10)	7(18)	35(21)	8(22)		
1	20(33)	20(51)	86(51)	18(49)	2	5
0	8(13)	2(5)	6(4)	4(11)		

古い ←→ 新しい
時代

（　）は各時期内の構成比を示す。

面積が二〇〇㎡以上の集落が六つあるが、そのうち四つは縄文晩期の遺跡がある集落であるという点である。

ヒガンバナの自生面積ランクと集落の成立期との関わりを見るために、表3を作成した。各時期に属する集落数が異なるので、各ランクの構成比で比較できるように、この表には各時期に属する集落の総数を一〇〇とした場合のランク別構成比を( )内に示してある。自生面積ランク「2」以上について各時期ごとに集落数の構成比を見ると、縄文期の遺跡がある集落と弥生期の遺跡がある集落は、ランク「3」の構成比がそれぞれ二五％と二一％でもっとも大きいのに対し、中世末までには成立していた集落と近世に成立した集落は、ランクが下がるごとに構成比が高くなっている。したがって、成立期の古い集落ほどヒガンバナの自生面積は大きい傾向があることがわかる。

◉——中下流域におけるヒガンバナの自生面積と集落成立期との関わり

豊川の中下流域は上流域よりも集落ごとの自生面積の違いが大きい。ここでは、豊川の中下流域におけるヒガンバナの自生面積と集落成立期との関わりを、土地利用と集落が位置する場所の地形から考えてみたい。

第8図は、各集落のヒガンバナの自生面積と集落成立期を、土地利用図の上に表示した図である。この図から次のことが読み取れる。

第一に、豊川中流域左岸と、豊川の支流が山地を刻む谷底から谷の斜面にかけて、ヒガンバナの自生面積が大きい集落がいくつかあり、かつこれらの集落の多くは中世末までには成立していた。

第二に、畑地と樹園地が多い集落ではヒガンバナの自生面積は小さく、まったく自生していない集落もある。

第三に、下流域の集落の中で、豊川の河道周辺に位置する集落はヒガンバナの自生面積が小さい。

第四に、海岸に面する集落にはヒガンバナはほとんど自生していない。

豊川流域ではヒガンバナの多くが水田の畔に自生している。そこで、豊川中下流域でヒガンバナの自生面積が大きい集落の水田率を見ると、五〇%以上の集落（第8図で記号の上端に横線が引いてある集落）がある一方で、三〇%未満の集落（第8図で記号の下端に横線が引いてある集

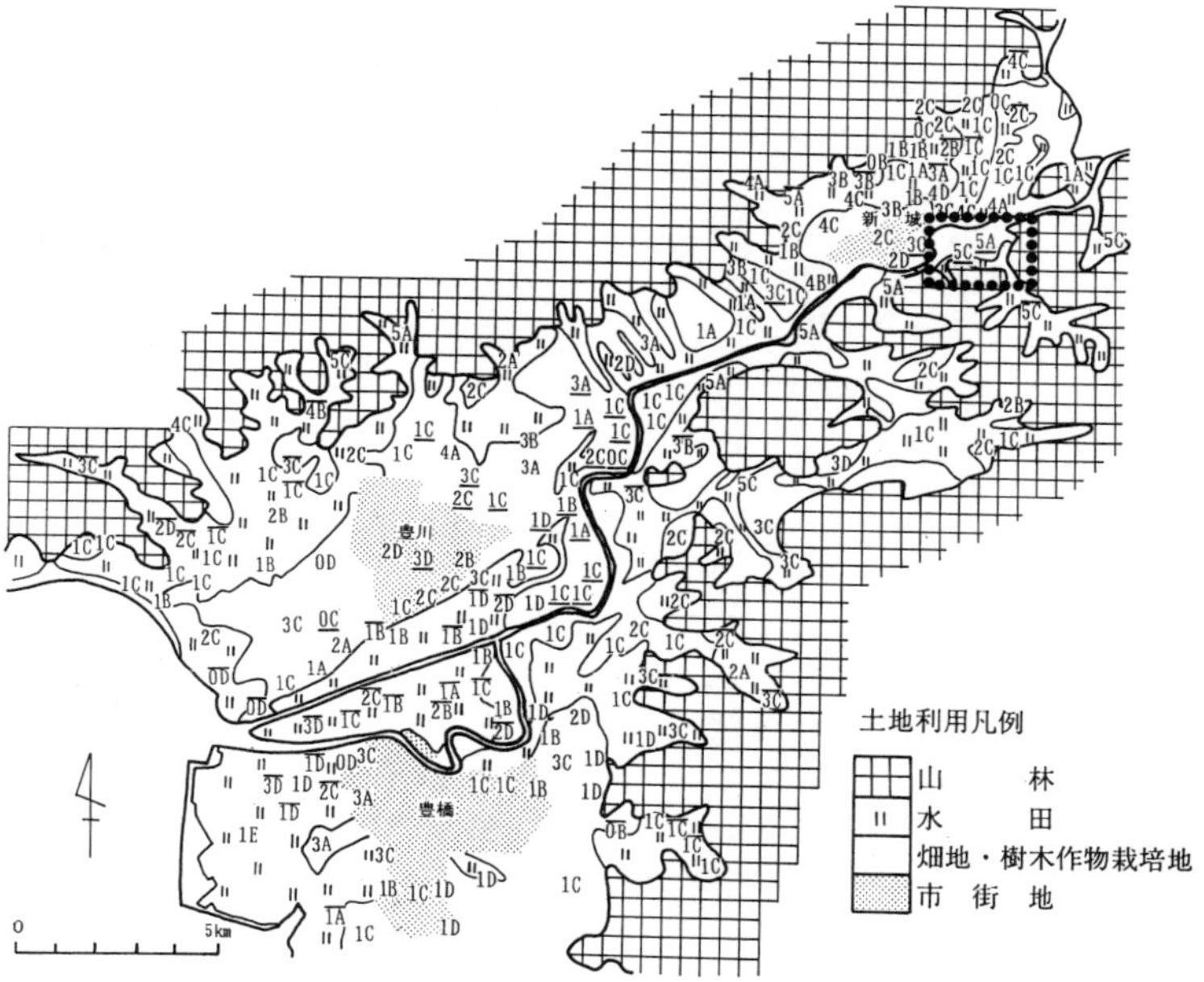

0　自生地なし
1　自生面積　0〜24㎡
2　自生面積　25〜49㎡
3　自生面積　50〜99㎡
4　自生面積　100〜199㎡
5　自生面積　200㎡以上

A　縄文期の遺跡がある集落
B　弥生期の遺跡がある集落
C　中世末までには成立していた集落
D　近世に成立した集落
E　近代に成立した集落

自生地面積と成立期の記号の上に横線が引いてある集落は，水田率が50％以上の集落である。
自生地面積と成立期の記号の下に横線が引いてある集落は，水田率が30％未満の集落である。
図中右上の点線内は，第11図で示す範囲である。

第８図　豊川中下流域におけるヒガンバナの集落別自生面積と集落の成立期

落）もある。また、水田率は五〇％を超えるが、ヒガンバナの自生面積は小さい集落がかなりある。したがって、第８図を見る限り、水田が多い集落ほどヒガンバナが多く自生しているとは言えないのである。

　第９図は、今回調査した集落名と「農林業センサス集落カード」に記載された集落名とが一致する二〇二集落について、水田率とヒガンバナの自生面積との関わりを見る

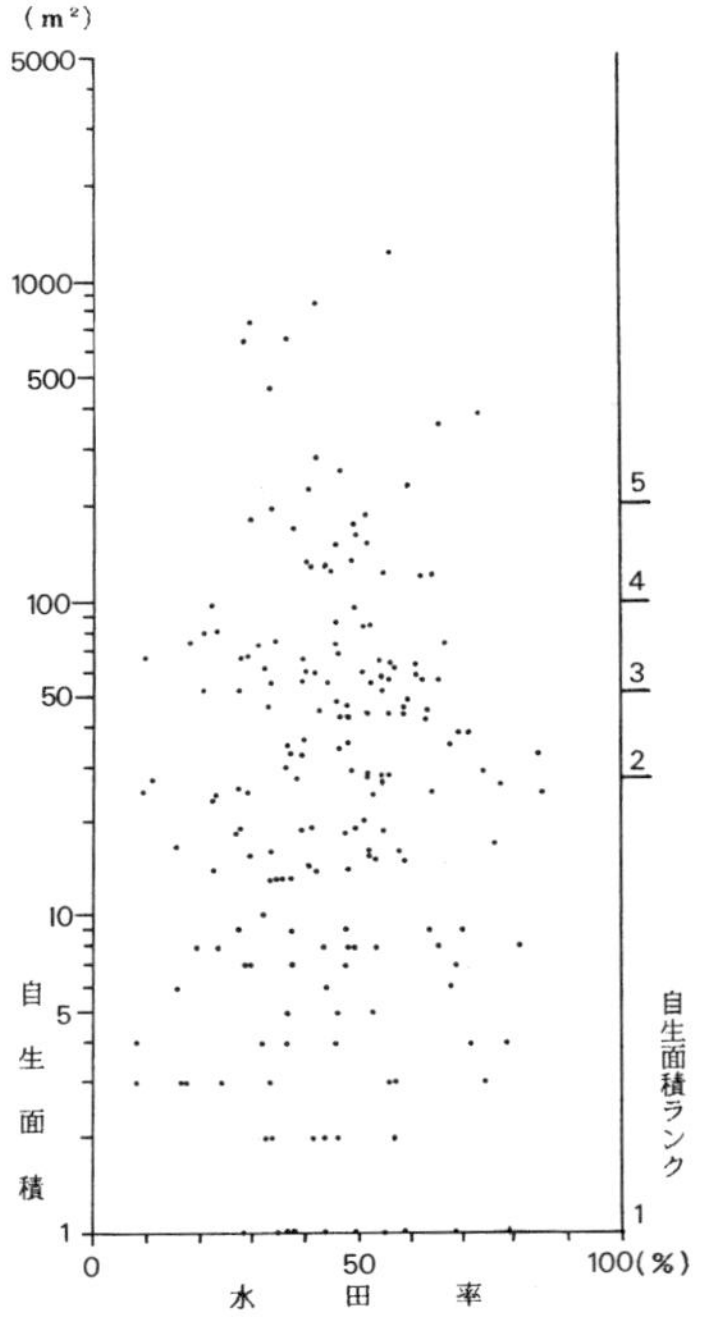

水田率は1960年の数値である。
1970年農林業センサス集落カードによる。
水田率の平均は47.6%(1960年)である。

第9図　集落の水田率とヒガンバナの自生面積との相関図

ために作成した図である。この図から、ヒガンバナの自生面積の大小と水田率の高低とは、まったく関係がないことがわかる。

以上のことから、ヒガンバナの自生面積の大小は、各集落の水田面積の多少では説明できないことが明らかになった。

次に、豊川中下流域の集落の中で、ヒガンバナの自生面積ランク「3」「4」「5」、すなわち自生面積が五〇㎡以上の集落がどのような地形の場所に位置しているかを検討してみたい。第10図に示すように、ヒガンバナの自生面積が大きい集落の多くは、山地と下位段丘との接点、山地と沖積低地との接点、豊川の支流が山地を刻む谷底から谷の斜面、中位および上位段丘上に位置している。

筆者が観察した限りでは、ヒガンバナが多く自生する集落のうち、豊川中流域左岸の山地と下位段丘との接点に位置する集落では、山地末端の斜面に棚田があり、下位段丘上は畑地か樹園地

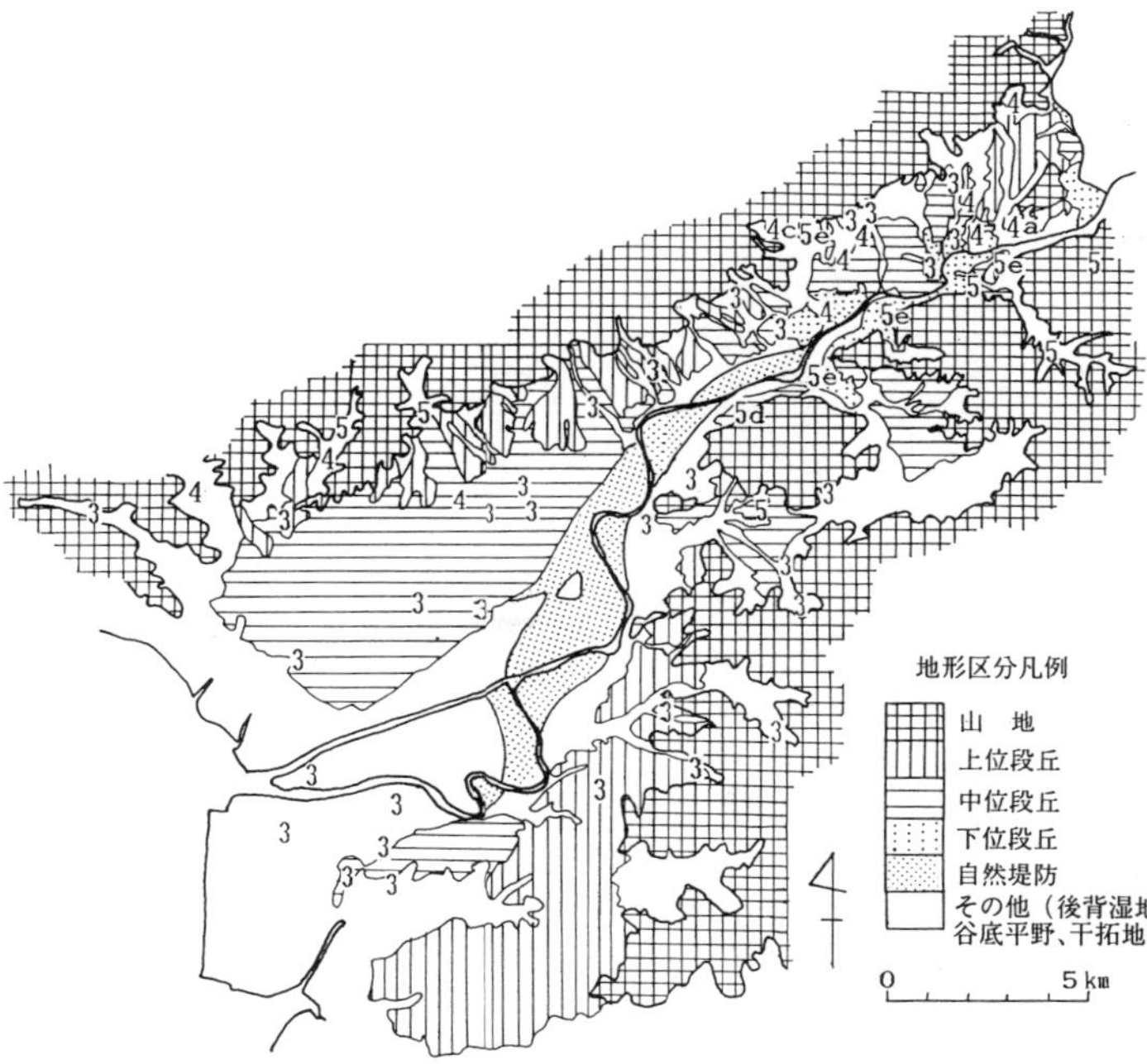

3　自生面積が50～99㎡の集落　　4　自生面積が100～199㎡の集落
5　自生面積が200㎡以上の集落
a　縄文早期の遺跡がある集落　　c　縄文中期の遺跡がある集落
d　縄文後期の遺跡がある集落　　e　縄文晩期の遺跡がある集落

第10図　豊川中下流域の地形とヒガンバナの自生面積が大きい集落の分布

になっている。そしてヒガンバナは山地末端斜面の棚田の畔に多く自生している。山地と沖積低地との接点に位置する集落では、ヒガンバナは山地末端の斜面に造られた棚田の畔に多く自生しており、沖積低地の水田の畔にはほとんど自生していない。豊川の支流が山地を刻む谷底から谷の斜面に位置する集落では、ヒガンバナは段差の大きい棚田の畔に多く自生している（写真5）。中位段丘上と上位段丘上に位置する集落では、ヒガンバナは河岸段丘を切る小河川ののり面に自生している。そして、この小河川の上流部にはヒガンバナが多く自生する集落がある。以上述べた諸集落の共通点は、ヒガンバナの球根を押し流したり冠水して球根が腐るような大規模な洪水が発生する恐れがほとんどない場所に、集落が位置していることである。

第10図で注目すべきことがもうひとつある。それは、縄文期の遺跡がある集落のうち、縄文期内のいずれの時期の遺跡であるかが記載されている集落が七つあるが、そのうちの四つは縄文晩期の遺跡がある集落であるということである。このことは、ヒガンバナが中国の長江下流域から日本に渡来した時期を考えるのに、重大な示唆を与えてくれるように思われる。

●――中流域の二集落におけるヒガンバナの自生地

第11図は、豊川流域の中でもヒガンバナの自生面積がもっとも大きい中流域左岸の二つの集落、塩沢と鳥原におけるヒガンバナの自生地の分布を示した図である。この図の範囲は第8図の右上角近くに点線で囲ってある。図中の記号Rはその地点のヒガンバナの自生面積が約五十㎡であることを意味し、記号rはヒガンバナの自生面積が約十㎡であることを示している。

塩沢のヒガンバナの自生面積は六三一㎡で、ここは豊川流域で自生面積が五番目に多い集落である。塩沢には縄文後期の遺跡（図中J1）と、縄文晩期から弥生期にかけての遺跡（図中J2）がある。塩沢はその領域のほとんどが豊川と大入川《だいにゅうがわ》に挟まれた下位段丘上に位置しているために水はけがよく、耕地の多くは畑地と樹園地である。塩沢の水田は集落東南部の山麓斜面に棚田があ

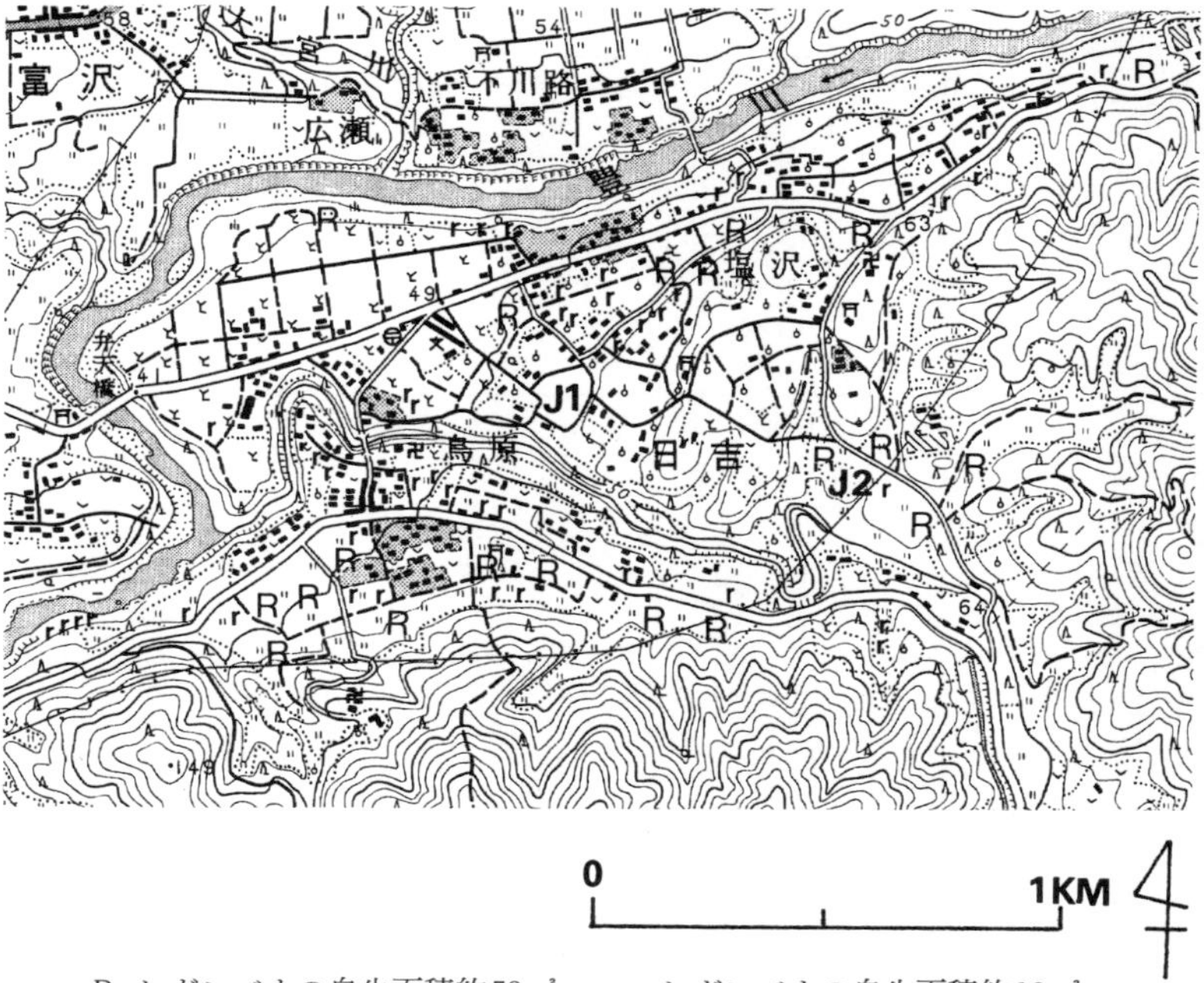

R　ヒガンバナの自生面積約50㎡　　r　ヒガンバナの自生面積約10㎡
J1　縄文後期の遺跡　　　　　　　　J2　縄文晩期～弥生期の遺跡
この図の範囲は第８図に示してある。
縮尺２万５千分の１地形図「三河富岡」（昭和50年修正測量）に記号を入れた。

第11図　塩沢と鳥原のヒガンバナの自生地分布

る程度である。塩沢の水田率は二八%で、豊川流域全体の水田率よりも二〇%ほど低い。塩沢のヒガンバナの自生地と土地利用との関わりを見ると、ヒガンバナは屋敷地付近と南東部の棚田の畔に多く自生し、樹園地にはほとんど自生しないことがわかる。また、屋敷地付近と棚田の畔の自生密度を比べると、棚田の畔のほうにより多く自生している。そして縄文晩期から弥生期にかけての遺跡（J2）は、ヒガンバナが密に自生する棚田地区の中にある。他方、縄文後期の遺跡（J1）付近には、ヒガンバナはほとんど自生していない。このようなヒガンバナの自生状況か

表4　塩沢と鳥原のヒガンバナの地目別自生面積と構成比

地　目	面積(㎡)	構成比(%)
水　田	814	60
畑・樹園地	331	24
宅　地	92	7
森林・荒地	131	10

1960年の水田率(総耕地面積中の水田面積比)は29%。

ら、筆者は塩沢を縄文晩期の遺跡がある集落とした。

鳥原は塩沢の西隣に位置する集落である。鳥原のヒガンバナの自生面積は七三七㎡で、ここは豊川流域では自生面積第三位の集落である。鳥原の耕地のうち、大入川より南は山地末端部の緩斜面に位置する棚田であり、大入川より北の下位段丘上は畑地になっている。鳥原の水田率は約三〇%である。鳥原のヒガンバナの自生地と土地利用との関わりを第11図で見ると、ヒガンバナは山麓緩斜面の棚田の畔に群生しており、畑にはほとんど自生していないことがわかる。ヒガンバナの開花期の九月下旬に、鳥原の南側の緩斜面を見ると、棚田の畔一面にヒガンバナが咲き乱れる景色が展開する。この棚田は近年圃場整備がおこなわれたが、それでもヒガンバナは高密度に自生している。ヒガンバナの自生地の継続性を思い知る景色である。

ヒガンバナの自生地に関して、この二集落に共通することは、水田率は低いにもかかわらず、ヒガンバナのほとんどが棚田の畔に自生していることである。塩沢と鳥原におけるヒガンバナの自生地の地目別構成比を見ると、六〇%が水田である（表4）。両集落とも水田率は三〇%ほどであるから、総耕地面積の三割しかない水田の畔に、総自生面積の六割のヒガンバナが生えているのである。

このことはヒガンバナの日本への渡来期を推定するうえで、重要な示唆を与えてくれる。

今回の調査結果だけでヒガンバナの日本への渡来期に関する仮説を提示するのは早計であろうが、それを承知の上で、次に筆者の考えを述べてみたい。

◉——ヒガンバナが日本に来た時期

ヒガンバナの日本への渡来期は、照葉樹林文化の農耕方式の発展段階で言えば、もっとも古いプレ農耕段階であろうというのが、これまでの通説であった。

前川文夫によると、ヒガンバナは日本では薮の縁や土手など、人間が住む場所付近にのみ自生しているが、中国の長江の中下流域では、日本と同様な土地条件の場所のほか、大きな露岩の上のような、ほとんど土壌がない乾いた場所にも自生している。ヒガンバナの中国名「石蒜」の語源はここにあるのではないかと、前川は述べている。また前川は、日本のヒガンバナは種子ができない三倍体のものしかないので、日本での分布地の拡大は、人間が球根を移植した結果であると考えられることと、屋敷地付近にしか自生しないことから、ヒガンバナはある時期に食料資源として中国南部から日本に渡来し定着した帰化植物であると考えられ、その渡来期はイネや雑穀よりも早いのではないかと述べている。

中尾佐助は、照葉樹林文化の中における農耕方式の発展過程の試案として、野生採集段階→半栽培段階→根栽植物栽培段階→ミレット（雑穀）栽培段階→水稲栽培段階の五段階を設定した。この中で中尾はヒガンバナを半栽培段階の植物のひとつにあげている。

佐々木高明は、中尾の発展段階説をプレ農耕段階→雑穀を主とした焼畑段階→稲作ドミナントの段階の三段階に整理した。その中で、ヒガンバナについては中尾の説を踏襲して、すでにプレ農耕段階（縄文前〜中期）に日本で保護や管理がなされていた半栽培植物のひとつであろうと述べている。

右の諸説と筆者の調査結果を整理すると、ヒガンバナは次のような一見矛盾する性格を持つ植物である。

㈠　中国の長江の中下流域では乾いた場所にも自生している。

㈡　日本では水田の畔や屋敷地まわりに多く自生し、畑地の縁など乾いた場所にはほとんど自生していない。

稲作が日本に渡来する以前にヒガンバナはすでに渡来していたという説では、この二つの事実を矛盾なく説明することができない。プレ農耕段階、または雑穀を主とした焼畑段階にヒガンバナがすでに日本に渡来していたとすれば、人間の保護と管理が早い時期になされなくなったとしても、当時のなごりとして現在でも畑地の縁など乾いた土地に、ある程度自生していてもよいはずである。また、ヒガンバナが雑草扱いされるようになってから、畑地の縁の球根だけが除去されねばならない理由も見出せない。しかし、日本ではヒガンバナは畑地の縁など乾いた場所にはあまり自生していない。それでは、上記の二つの事実を矛盾なく説明できるヒガンバナの渡来期があるか。

筆者は、佐々木のいう稲作ドミナントの段階に入っていた「中国の長江下流域から、水田稲作農耕文化を構成する要素のひとつとして、ヒガンバナは縄文晩期に渡来したか、またはそれ以前に渡来していたとしても、縄文晩期に渡来したものが、現在自生するヒガンバナの直接の祖先であろう」という説を提示したい。ヒガンバナは日本に渡来した時に、すでに水田稲作とセットになっていたから、その技術の枠内で生活する人間が、乾いた土地に球根を移植することはまずなかったであろう。このように考えれば、ヒガンバナの自生地が中国の長江の中下流域と日本とでやや異なる事実を、矛盾なく説明できるのである。

筆者の説の裏付けになると思われることを、豊川流域の調査結果から二つあげる。第7図で示したように、縄文期の遺跡がある集落の中にヒガンバナの自生面積二百㎡以上の集落が六つあるが、そのうちの四つが縄文晩期の遺跡がある集落であることが、根拠のひとつである。また第11図で示したように、豊川中流域の左岸に位置する塩沢には縄文期の遺跡が二か所あるが、そのうち樹園地の中に立地する縄文後期の遺跡（図中J1）付近にはヒガンバナはほとんど自生していないのに対して、棚田の中に立地する縄文晩期から弥生期にかけての遺跡（図中J2）付近にはヒガ

表5　縄文期の遺跡がある集落の時期別集落数とヒガンバナの自生面積ランクとの関わり

時期区分	自生面積とランク						
	自生なし 0	0～24㎡ 1	25～49㎡ 2	50～99㎡ 3	100～199㎡ 4	200㎡以上 5	合計
早期	1	1		1	1		4
前期	1	1			1		3
中期	2	4	1				7
後期		5		4		1	10
晩期	1	5	1	9	1	4	21
記載なし	3	4	4	1	3	1	16
合計	8	20	6	15	6	6	61

ンバナが多く自生していることが、もうひとつの根拠である。

縄文期の遺跡がある六一集落の時期区分とヒガンバナの自生面積の大小との関わりを表5に示した。時期ごとの集落数が異なるので、素数を直接比較することはできないが、縄文晩期の遺跡がある集落の自生面積の大きさには、ある程度の意味を与えることが出来るように思われる。

水田稲作農耕文化を構成する要素のひとつとして縄文晩期に渡来したか、または生育する場所が縄文晩期に定まったヒガンバナは、ある時期までは食用植物として水田の畔や屋敷地まわりで半ば栽培されていたが、後に穀物の生産が安定するようになると、かつて半栽培されていた場所で、自生するようになった。そして人里の雑草になってからは、球根でしか繁殖しない日本のヒガンバナは、自生地よりも低い場所に分布域を拡大することはあっても、高い場所に向かって拡大することはなかったと筆者は考える。

ただし、筆者の説には二つの問題点がある。ひとつは、豊川流域で縄文晩期の水田遺構が発掘されたとの報告がないことである。もうひとつは、豊川流域で縄文晩期の遺跡がある集落にヒガンバナが多く自生しているのは、ヒガンバナが淘汰されにくい場所にこれらの集落が偶然に立地しているだけのことではないかという疑問に対して、答える材料を持ち合わせていないことである。これについては、他地域で今回と同じ方法を使ってヒガンバナの自生面積を計測し、集落の成立期との関わりを考察する作業を積み重ねるよりほかない。

また、現在のヒガンバナの自生地分布をデータにしてヒガンバナが日本に来た時期と道を説く筆者に、「現在のヒガンバナの自生地分布から過去のことがわかるか」との疑問が寄せられているが、筆者はこの方法で問題ないと考えている。それは、日本のヒガンバナは球根の増殖のみで種を維持するので、人間が植えた後、食用植物であることが忘れられて管理されなくなった時期以来、自生地はほとんど拡大していないと考えるからである。球根の増殖以外で自生地が拡大するのは、洪水や地滑りによる低位部への拡大くらいであろう。すなわち、ヒガンバナは昔から今まで同じ場所で自生し続けてきたというのが、筆者の見解である。

ちなみに、水田では稲刈り前に畔の草刈りがおこなわれるが、これが冬の間は地表面に張り付くように葉を広げて光合成するヒガンバナの受光環境を良くしている。したがって、人間が気付かないだけで、ヒガンバナは今でも人間の保護下で生育する雑草であるといえよう。また、水田はヒガンバナが葉を広げる秋から春にかけて水を落とせば、比較的乾燥した状態になる。その意味では、ヒガンバナは乾いた土地でも十分に生育するのである。ヒガンバナは湿気がある所だけに生育する植物ではない。それでも、日本では水田の畔から離れることができなかったのは、当初の植栽地が意図的に選択されたからであろう。

《あなたもヒガンバナの自生面積を測ってみませんか》

あなたも秋の村里を散策しながらヒガナンバナの自生面積を測ってみませんか。私がおこなったヒガンバナの自生面積の計測法は30～32ページに書いてありますが、ここに少し付け加えます。

自生面積を測る時期は九月下旬の開花期をおすすめします。なにしろあの真っ赤な花は目立ちますから。道具は伸ばすと一mになる折れ尺と縮尺二万五千分の一地形図と筆記具だけです。地形図は大きな書店に行けば一枚三百円ほどで売っています。

私が設定した自生面積ランクがおよそどれくらいの生え具合いであるかを、巻頭の写真を使って説明しましょう。ランク方式で自生面積を測る場合は目安にしてください。

ヒガンバナが一本でも生えていたら地形図の該当地点に1のランク記号を記入します。写真1の左の写真はランク2の下限です。写真5の中央の畔の下半分だけだとランク3です。私は50mの範囲を目測で一か所に集めて自生面積を測りましたので、写真5全体のランクは4になります。写真6の右下の群生地はランク5です。写真6全体では、道路下の斜面と道路脇を合わせてランク5の記号を四つ、右上の畑分としてランク3をひとつ記入します。

測る場所はひとつの河川の流域をおすすめします。歩くか自転車に乗って自生地を探し、自生地ご

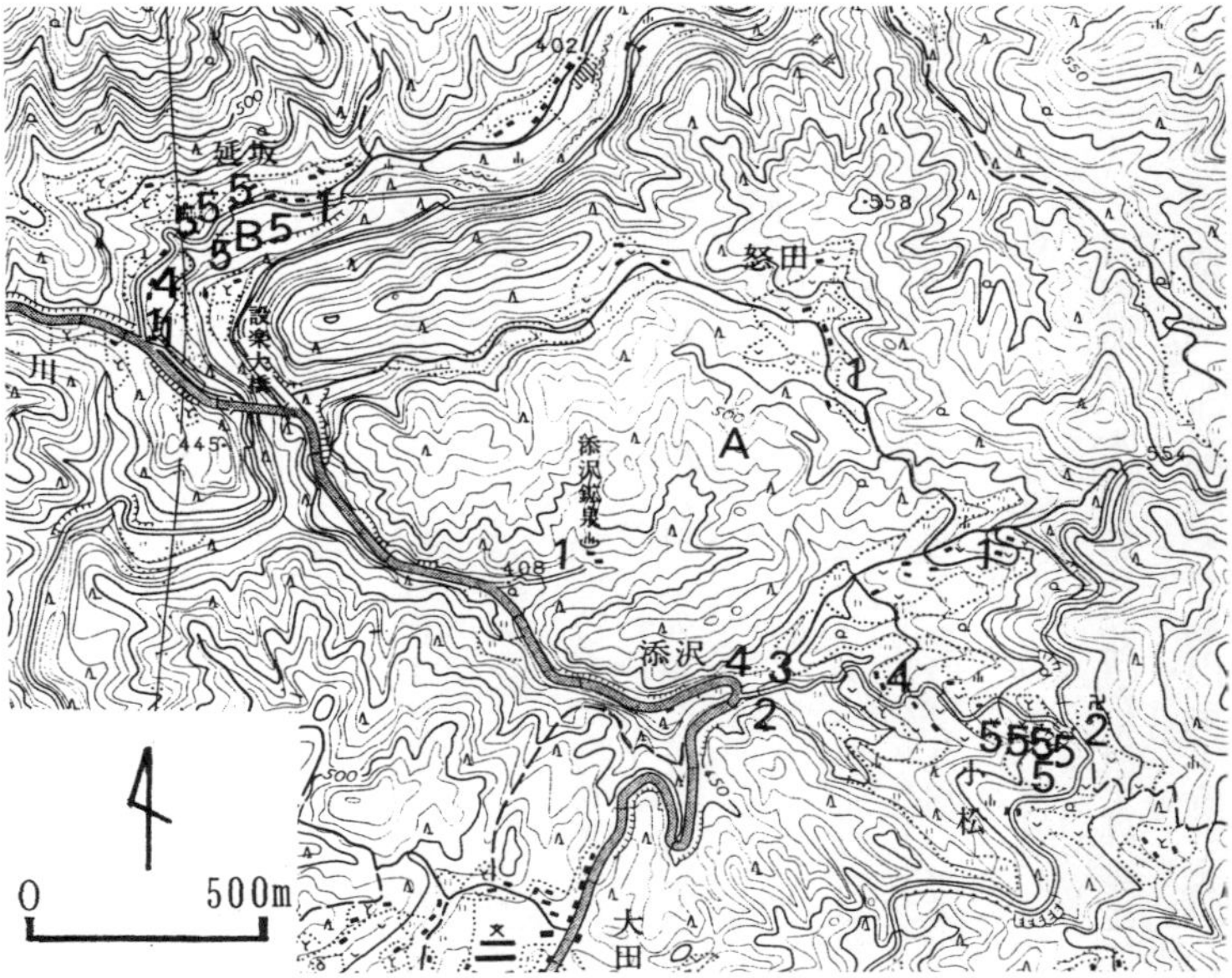

（縮尺２万５千分の１地形図「田口」）

1　1辺が0.5ｍの正方形に収まる自生地
2　同0.5～１ｍの自生地　　3　同１～２ｍの自生地
4　同２～３ｍの自生地　　5　同３ｍ以上の自生地
A　縄文後期の遺物の出土地　　B　縄文晩期の遺物の出土地

とにランク値を地形図に記入していけば、分布図ができます。それを眺めるとヒガンバナはどんな地形や土地利用の場所にたくさん生えているかがわかります。古い時代の遺物の出土地なども記入すれば、わかってくることが増えると思います。上の図はその一例です。手間はかかりますが、第5図のように集落ごとに自生地を集計して流域全体の分布図を作り、第6図のような別の分布図を重ねると、もっと面白いことがわかるかも知れません。

　ヒガンバナは遠い昔のロマンに浸れる花だと私は思っています。ヒガンバナの自生面積を測ることで、あなたの夢が広がればさいわいです。

V　ヒガンバナが日本に来た道

◉――稲作が日本に来た道

前章で「水田稲作農耕文化を構成する要素のひとつとして、中国の長江下流域から縄文晩期に渡来したヒガンバナが現在自生するヒガンバナの直接の祖先であろう」との筆者の説を述べた。次の課題はヒガンバナが日本に来た道であるが、ヒガンバナはイネと一緒に来たのであるから、まずはイネはどの道を経て日本に持ち込まれたかについての諸説を紹介しておくことにする。

第12図は稲作農耕が日本列島へ渡来した三つの道を示した図であり、いずれの道も説得性のある根拠を持っている。

(A)　中国の長江下流域から朝鮮半島の南部を経て九州に渡来したという説

(B)　中国の長江下流域から直接九州へ渡来したという説

(C)　南の島伝いに北上して九州へ渡来したという説

AとBの道は、水田稲作農耕が日本列島に伝わった道である。Aの道を経てきたとする説には、朝鮮半島南部と北部九州から出土する土器と石器が共通し、人骨の形態が似ているなど、多くの

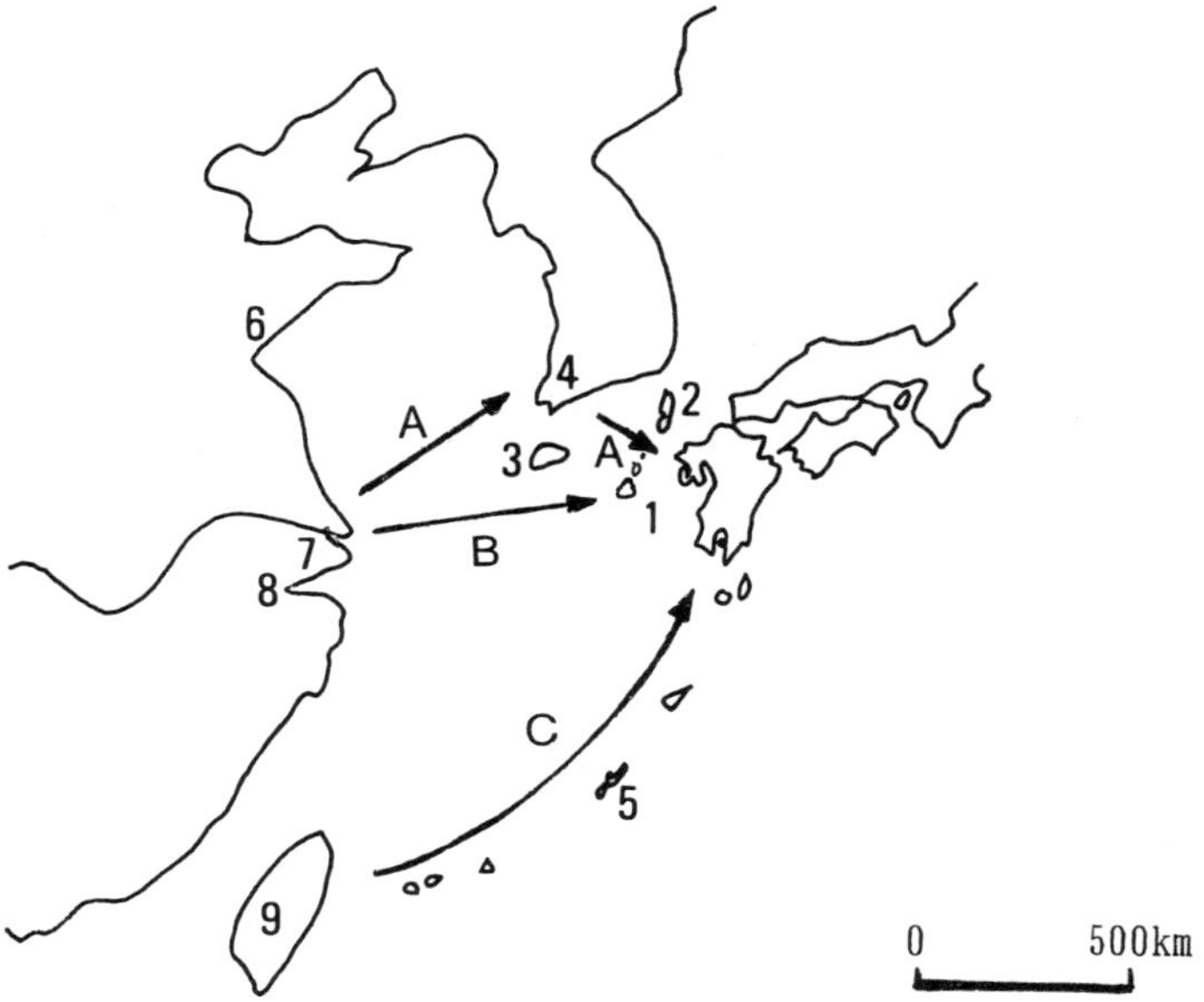

A　朝鮮半島の南部を経て九州に渡来した経路
B　直接九州に渡来した経路（ヒガンバナを構成要素に含む）
C　南の島伝いに北上して九州に渡来した経路
1　五島列島福江島　2　対馬　3　済州島
4　モクポ　5　沖縄島　6　山東省日照市
7　上海　8　杭州　9　台湾島

第12図　稲作農耕の日本への渡来経路

根拠がある。また、現在でも朝鮮半島南部の村に多く見られる鳥形と同型の木製品が、西日本の弥生遺跡から出土することも、根拠のひとつになろう。他方、Bの道を経てきたとする説の根拠は、中国の東シナ海沿岸地域と北部九州から出土する人骨の形態が近似することや、中国江南と九州有明平野の水田稲作具の形態がよく似ていることなどである。

Cの道は、南島を飛び石状に渡って日本列島に至る道である。南島の稲作遺跡の時代はそれほど古くないので、この道はしばらく否定されていたのだが、南島と西日本の在来稲の中に、南島を経由して北上したと考えられる遺伝子を含むものがあることが明らかになって、Cの道は復活した。ただし、このイネは、炭化米やプラントオパール（イネの体内の機動細胞硅酸体）を包含する土地の地形から見て、畑で栽培されたイネのようである。したがって、今のところCの道は畑地稲作農耕が日本列島に来た道だと考えられている。

筆者は、渡来期は異なったであろうが、稲作農耕はＡＢＣいずれの経路からも日本列島に渡来し、日本の中でこれらが融合して、日本の稲作農耕が形成されたと考えている。日本の稲作は、影響度の差はあるものの、中国南部、朝鮮半島、南島の影響をすべて受けているからである。

◉――ヒガンバナが日本に来た道

稲作が日本に来た道のうち、ヒガンバナはどの道を経て中国の長江下流域から日本へ渡来したのであろうか。ここ十年来おこなってきた現地調査にもとづいて、筆者の説を述べることにする。中国の長江中下流域にはヒガンバナが自生しており、筆者は長江河口に近い南通と杭州の郊外でヒガンバナの群生地を見たことがある（写真7）。中国ではヒガンバナを石蒜と称する。そして『中国高等植物図鑑』には「石蒜は長江流域とそこより南西部に分布する」と記載されている。

第12図のＡの道は、実際には長江下流域から山東省の東海岸まで北上してから、黄海を渡って朝鮮半島に至る道であったと考えられる。この経路で日本列島に来た水田稲作にヒガンバナが付

随していたとすれば、中国の山東省南部にもヒガンバナは自生しているはずである。筆者は山東省南東部の日照市近郊でヒガンバナの自生地の有無を調査したことがあるが、自生地はまったくなかった。また、土地の人々にヒガンバナの写真を見せて尋ねたが、見たことがあると答えた人はいなかった。

筆者は朝鮮半島南部の西海岸と南海岸を、ソウルからモクポとプサンを経てキョンジュまで、L字型の道順でヒガンバナの自生地を探したが、まったく見なかった。また、朝鮮半島の南西に位置する済州島でもヒガンバナの自生地の有無を調査したが、ここでもまったく見なかった。さらに、ここ数年は韓国を訪問するごとに出会う人々にヒガンバナの写真を見せているが、誰も見たことがないという。ちなみに韓国の『大韓植物図鑑』には、「ヒガンバナは日本から持ち込まれた多年草で、民間で栽培される」と記述されており、『韓国の野生花』という表題の図鑑にはヒガンバナは記載されていない。

台湾島にはヒガンバナは自生していない。数人の台湾の知人に台湾島でヒガンバナを見たことがあるかどうかを尋ねたが、見たことがあると答えた人は誰もおらず、「石蒜」という字を見せても、どんな植物であるかを知っている人はいなかった。台中市には植栽されたヒガンバナがあるが、これは近代に入ってから日本人が持ち込んだもののようである。

ヒガンバナは沖縄島には自生していない。沖縄島でおこなった調査では、島内三か所の民家の植え込みにヒガンバナが植栽されているのを見たにとどまった。また、島内の各所でヒガンバナの写真を見せて、花の名前を知っているか、この花が自生している所があるかを尋ねたところ、写真の花がヒガンバナであることは皆が知っていたが、庭の花として植えてあるヒガンバナしか見たことがない、または実物は見たことがないとの返事であった。なお琉球列島の植物図鑑『琉球の植物』には、ヒガンバナ科の植物三種類の形態や生育地などが記載されているが、ヒガンバナは記載されていない。

他方、長崎県から佐賀県北部にかけての東シナ海沿岸地域をはじめとして、九州の北西部にはヒガンバナが棚田型の水田の畔などに多く自生している。また、長崎県の対馬と五島列島福江島の水田の畔と屋敷地まわりには、ヒガンバナが群生する場所が各所に見られる（写真8）。

これらのことを整理すると、中国山東省南東部と朝鮮半島南部と台湾島と沖縄島にはヒガンバナが自生していないのであるから、ヒガンバナを構成要素の中に含む稲作が来た道は、稲作が日本に来た三つの道のうち、Bの道だと考えるのが適切である。すなわち、ヒガンバナを構成要素にする稲作は水田稲作であり、それは中国の長江下流域から東シナ海を渡って直接日本へ渡来したのである。その時期は、前章で述べたように、縄文晩期であった。

これで日本列島だけにヒガンバナが自生し、朝鮮半島と台湾島と沖縄島には自生しない理由を説明することができる。ヒガンバナは何回かあった稲作農耕文化の日本への渡来の何回目かに、水田稲作を構成する要素のひとつとして、中国の長江下流域から直接日本へ持ち込まれたのである。

そして、ヒガンバナを伴う水田稲作技術は、先に日本に渡来していた稲作に強い影響を与えたと、筆者は考える。それは、ヒガンバナを伴う水田稲作が日本に渡来して以来、二千年余りが経過しているにもかかわらず、東北地方南部以南の古い時代に造られた水田の畔に、ヒガンバナが現在も広く自生しているからである。

VI　ヒガンバナとのつきあい方

ヒガンバナは気の毒な植物である。日本に持ち込まれた頃のヒガンバナは食料になる半栽培植物で、人々はおそらく春の食料の端境期頃に球根を掘り出して、水さらし法でリコリンなどの有毒物質を取り除き、デンプンを食べていた。その後、食料事情が良くなって、人間がヒガンバナを意図的に管理しなくなると、球根でしか増えないがゆえに、半栽培されていた人里に自生する雑草になった。そして、ヒガンバナは有毒植物であることだけが子孫に語り継がれていった。さらに、ヒガンバナの不思議な生活暦と、仏教の宇宙観を人々が短絡的に受容したことが加わって、遅くとも近世初頭までには、触ってはならない不吉な花にされてしまい、現在に至っている。

初めから花として渡来して来ておれば、日本人のヒガンバナに対する印象は異なっていたと思われるが、一時期は食料であったがゆえに、嫌われる花になってしまった。植物分類学上では近縁のスイセンが、同じように球根に毒を持つにもかかわらず、初めから花として持ち込まれたために、人々から愛されていることと比べると、ヒガンバナは気の毒な植物であると言うよりほかはない。

それでも死ぬつもりで球根を口にしない限り、ヒガンバナはわれわれに何の害も及ぼさない。

今の日本人にとって、ヒガンバナはあってもなくてもよい「ただの雑草」である。「ただの雑草」ならば、われわれの祖先がそうしてきたように、そっとしておけばよいではないか。

じつはヒガンバナはわれわれ日本人にいくつかの恩恵を与え続けてきた。第一に、花を咲かせて秋の訪れを知らせてくれる。第二に、さまざまな民間医療の素材に使われてきた。第三に、水田の畔にヒガンバナを植えておけば、その毒が土に穴を開けて水を漏らすネズミやモグラから守ってくれる。第四に、最近わかってきたことであるが、水田の畔の雑草の生育を抑えてくれる。

昔の人々は、因果関係はわからなくても、ヒガンバナがあることによる利点を感じていたがゆえに、球根を取り除くことはしなかった。そして、誰も意図しておこなったわけではないが、九月中旬に水田の畔や屋敷地まわりの草刈をすることによって、秋から春先にかけて地表面に張り付くように葉を伸ばして光合成するヒガンバナが太陽光を受けやすい環境を、毎年作ってきたのである。その意味では、ヒガンバナは今でも人間の保護下で種を維持している植物である。ヒガンバナと日本人とは助け合う共生関係をずっと保ってきたのである。

ヒガンバナがわれわれに与えてくれる恩恵は、われわれが気付かないだけで、まだあるかも知れない。そのうちにそれがわかるためには、われわれの祖先がそうしてきたように、ヒガンバナをこれからもそっとしておいてやるのが何よりの方法である。お互い干渉せずに眺めあっていくことが、ヒガンバナとのつきあい方としては好ましいと、筆者は思っている。

ヒガンバナをもっと知りたい読者のために

有薗正一郎『ヒガンバナが日本に来た道』一九九八年、海青社。

栗田子郎『ヒガンバナの博物誌』一九九八年、研成社。

講談社総合編集局編『彼岸花とネリネ』週間花百科フルール二四号、一九九五年、講談社。

前川文夫「ヒガンバナの執念」(『日本人と植物』所収)、一九七三年、岩波書店。

松江幸雄『日本のひがんばな』一九九〇年、文化出版局。

本書で著者名をあげた文献

佐々木高明『照葉樹林文化の道』一九八二年、日本放送出版協会。

中尾佐助『自然――生態学的研究』一九六七年、中央公論社。

藤井義晴『アレロパシー』二〇〇〇年、農山漁村文化協会。

前川文夫『植物の名前の話』一九八一年、八坂書房。

【著者紹介】

有薗 正一郎（ありぞの しょういちろう）

1948年　鹿児島市生まれ
1976年　立命館大学大学院文学研究科博士課程を単位修得により退学
1989年　文学博士（立命館大学）
現在、愛知大学文学部教授

主な著書等＝『近世農書の地理学的研究』（古今書院）、『在来農耕の地域研究』（古今書院）、『ヒガンバナが日本に来た道』（海青社）、翻刻『農業時の栞』（日本農書全集第40巻、農山漁村文化協会）

研究分野＝地理学。農書類が記述する近世の農耕技術を通して地域の性格を明らかにする研究を四半世紀続けてきた。ヒガンバナ研究は日本の農耕の基層を模索するためにおこなっているが、道楽でもある。毎年9月後半はヒガンバナを求めて東シナ海をとりまく領域を歩いている。

愛知大学綜合郷土研究所ブックレット ❷

ヒガンバナの履歴書

2001年3月31日　第1刷　　2008年1月15日　第2刷発行

著者＝有薗 正一郎©

編集＝愛知大学綜合郷土研究所

〒441-8522 豊橋市町畑町1-1　Tel. 0532-47-4160

発行＝株式会社 あるむ

〒460-0012 名古屋市中区千代田3-1-12　第三記念橋ビル
Tel. 052-332-0861　Fax. 052-332-0862
http://www.arm-p.co.jp　E-mail: arm@a.email.ne.jp

印刷＝東邦印刷工業所

ISBN978-4-901095-32-7　C0339

刊行のことば

愛知大学は、戦前上海に設立された東亜同文書院大学などをベースにして、一九四六年に「国際人の養成」と「地域文化への貢献」を建学精神にかかげて開学した。その建学精神の一方の趣旨を実践するため、一九五一年に綜合郷土研究所が設立されたのである。

以来、当研究所では歴史・地理・社会・民俗・文学・自然科学などの各分野からこの地域を研究し、同時に東海地方の資史料を収集してきた。その成果は、紀要や研究叢書として発表し、あわせて資料叢書を発行したり講演会やシンポジウムなどを開催して地域文化の発展に寄与する努力をしてきた。今回、こうした事業に加え、所員の従来の研究成果をできる限りやさしい表現で解説するブックレットを発行することにした。

二十一世紀を迎えた現在、各種のマスメディアが急速に発達しつつある。しかし活字を主体とした出版物こそが、ものの本質を熟考し、またそれを社会へ訴える最適な手段であると信じている。当研究所から生まれる一冊一冊のブックレットが、読者の知的冒険心をかきたてる糧になれば幸いである。

愛知大学綜合郷土研究所